大阪大学新世紀セミナー

素粒子と原子核を見る

高杉英一　編

大阪大学出版会

はじめに

最近、〝ニュートリノ〟とか〝物質と反物質の非対称性〟といった言葉が新聞をにぎわしている。ニュートリノの謎とは、〝質量はゼロどうか〟についてである。最近、富山県神岡の大気ニュートリノ実験で、〝ニュートリノ振動現象〟が発見された。このことは、ニュートリノが質量をもっていることを意味する。一九三〇年にパウリにより予言されて以来七十年、ついにニュートリノの謎のしっぽをつかまえたのだ。

〝物質と反物質の非対称性〟に関する話題は、CP対称性の破れの問題と呼ばれている。Pはパリティー（空間反転）変換の操作で、ちょうど運動する粒子を鏡に映す操作である。Cは荷電共役変換で、粒子（物質）を反粒子（反物質）に変換させる操作である。CP対称性が保たれていれば、粒子と反粒子はまったく同じように振る舞い、粒子の崩壊過程とその過程をCP変換して得られた反粒子の崩壊過程（粒子をすべて反粒子に変えたもの）はまったく同じ頻度で起こることになる。CPの破れは、K中間子系で一九五四年に発見されたが、さらに検証を押し進めるためにB中間子とその反粒子を大量につくるB工場での実験が、日本と米国で始まった。ここでは、粒子と反粒子の崩壊における振る舞いの差を観測する。

さて、CP対称性の破れは、実は宇宙の成り立ちと密接な関係がある。ビッグバンで宇宙がつくられた直後の高温の時期には、反応過程での熱平衡が成り立ち、粒子と反粒子はちょうど同数だけあったと考えられる。温度が降下すると、重たい粒子と反粒子は軽い粒子や反粒子に崩壊する。CP対称性が保たれていると、粒子と反粒子の崩壊頻度は同じで、したがって生成された軽い粒子と反粒子は同数あることになる。最後に軽い粒子と反粒子は対消滅し光になるので、すべては消滅し光になったはずだ。しかし、この世界には物質のみが存在している。これは、軽い粒子と反粒子の数の差が必要であることを意味し、つまり粒子と反粒子の間の違いを与えるＣＰ対称性の破れが存在しなければならない。

本書では、これらの話題のほかに、宇宙に存在する基本的な四つの力、すなわち電磁気力、弱い力、強い力と重力の統一理論の有力候補である超弦理論の世界の話と、宇宙を満たしているダークマターの話、そして原子核のさまざまな話題をわかりやすく解説している。

二〇〇一年春

編者　高杉英一

目次

第一部　素粒子を見る

極微の世界を支配する力は四種類から成り立っている。電気と磁気の力である電磁気力、クォークやレプトンの違った種類（フレーバー）の変換をひき起こす弱い力、[1]クォークを強い引力で閉じ込めてハドロン（陽子、中性子やパイ中間子など）をつくっている強い力、[2]それに重力である。

登場する役者

電磁気力と弱い力の電弱統一理論[3]での役者は、物質を構成する六種類のクォークと六種類のレプトンである。表1に示すように、電荷2/3のu、c、tクォーク、電荷-1/3のd、s、bクォーク、さらにレプトンと呼ばれる中性のニュートリノ、ν_e、ν_μ、ν_τと、電荷-1のe、μ粒子、τ粒子である。これらはスピン[4]1/2をもち、フェルミオンと呼ばれている。これらの粒子の間の力は、ゲージ

（1）原子核の崩壊をひき起こす力で、一〇$^{-一五}$cmといった近距離で働く。中性子のベータ崩壊$n \to p + e^- + \bar{\nu}_e$は、構成粒子であるクォークの反応$d \to u + e^- + \bar{\nu}_e$によってひき起こされる。

（2）クォークを強い引力で結合させ陽子をつくったり、陽子や中性子から原子核をつくったりする力。一〇$^{-一二}$cmの近距離で働くたいへん強い力。

（3）レプトンとクォークの間に働く電磁気力と弱い力を統一的に記述する理論。一九六〇年代後半にワインバーグとサラムにより提唱された。

（4）量子力学的粒子のもつ固有角運動量。しばしば粒子の自転による角運動量として古典力学的対応がなされる。

表1　クォークとレプトンの種類

	電荷	第一世代	第二世代	第三世代
クォーク	2/3 −1/3	u（アップ） d（ダウン）	c（チャーム） s（ストレンジ）	t（トップ） b（ボトム）
レプトン	0 −1	ν_e（電子ニュートリノ） e（電子）	ν_μ（ミューニュートリノ） μ（ミュー）	ν_τ（タウニュートリノ） τ（タウ）

この表にある粒子はすべて発見されている．電荷の単位は，電子の電荷を−1と定義したときの値である．クォークは，整数でない（フラクショナル）電荷をもつ．クォークやレプトンのおのおの二つの対は世代と呼ばれ，全体で三世代を構成する．

粒子を交換することで生じる。[5] 脚注（５）の図で示すように、電磁気力は中性の光子、弱い力は電荷１のW粒子や中性のZ粒子、また強い力は中性のグルーオンの交換で生じる。このほか、対称性の破れをひき起こすヒッグス粒子がある。

これらは、一〇〇GeV[6]程度のエネルギーで成り立つ電弱統一理論に現れる役者で、さらに十倍程度に高いエネルギーになると、超対称性が実現されて超粒子[7]が現れると思われている（超対称電弱統一理論）。さらに10^{16}GeVのエネルギーでは大統一理論[8]が実現され、そこではクォークとレプトンが同等に扱われる。このため、これらの間の転換を行う重いゲージ粒子が現れ、通常安定と考えられている陽子崩壊が起こる。[9] 10^{19}GeVでは、重力を含めた統一理論であるひもの理論、またはこの理論に超対称性加えた超ひもの理論[10]が実現すると考えられ、重力波の量子で

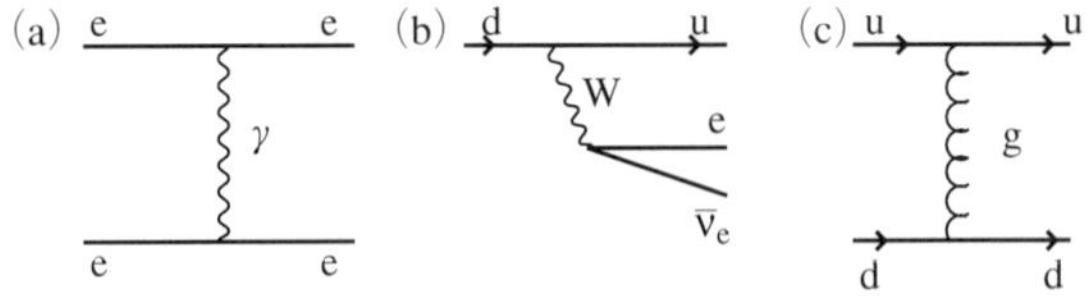

(a) 光子（γ）の交換で電磁気力が働く．
(b) Wの交換で，d→u＋e^-＋$\overline{\nu_e}$（ベータ崩壊）がひき起こされる．
(c) グルーオン（g）の交換で，クォーク間に強い力が働く．

力はゲージ粒子を交換することで発生する

電磁気力は光子（γ），弱い力はWやZボソン，強い力はグルーオン（g）の交換で生ずる．

（５）光子、最近発見されたWやZ粒子やグルーオンと呼ばれる粒子は、ゲージ粒子と呼ばれるスピン１の粒子の仲間である。図で示すように、これらの粒子の交換により電磁気力、弱い力や強い力が働く。

ある重力子等の粒子が登場する。

エネルギースケールと見ている距離

量子力学の世界では、光は波の性質と粒子の性質をもっている。同様に、電子も粒子の性質と波の性質をもっている。粒子を特徴づける物理量はエネルギー（E）と運動量（p）で、波は振動数（ν）と波長（λ）である。これらは、プランク定数hを用いて、ドブロイの関係式

$$E = h\nu,\ p = h/\lambda$$

で表される。質量mをもつ粒子は光速cを使うと、アインシュタインの関係式

$$E = \sqrt{p^2 c^2 + m^2 c^2}$$

で表されるが、その粒子のもつエネルギーが静止質量エネルギーmc^2より十分大きいとき、$E \simeq pc$となる。このことから、その粒子を波であるとしたときの波長は

$$\lambdabar = \lambda/2\pi \simeq h/2\pi p \simeq hc/2\pi E$$

となる。(11) ミクロの世界でのたいへん小さいものを見るためには、一般に粒子をぶつけてどのように散乱されるかを観測する方法を使うが、このとき、ぶつける粒子の波長程度のものしか見ることはできない。(12) より小さいものを見るためには、より短い波長の粒子、つまりより高いエネルギーの粒子が要求される。

（6）一GeV＝10^9eVである。素粒子を扱う場合、通常質量としては静止質量エネルギーを用いる。電子の質量（静止質量エネルギー）は〇・五MeV、陽子は一GeV、Wボソンは八〇GeV、Zボソンは九一GeVである。ここで、一MeV＝10^{-3}GeV＝10^6eV。

（7）超対称性はスピン1/2のフェルミオンとスピン0または1のボソンとの入れ替えに関する対称性で、フェルミオンにはボソンが対で現れる。たとえば、電子（スピン1/2）に対してスカラー電子（スピン0）、光子（フォトン、スピン1）に対しフォティノ（スピン1/2）といった具合に。スカラー電子やフォティノなどは超粒子と呼ばれている。

（8）クォークやレプトンの間に働く電磁気力、弱い力や強い力を統一的に記述する理論。この理論では、クォークとレプトンは同等に扱われる。

（9）X（電荷4/3）粒子と呼ばれるゲージ粒子は次のような相互作用を行う。（a）dクォークがX粒子を吸収し陽電子に転換する。（b）uクォークがX粒子を放出しuクォーク（uの反粒子）に転換する。（c）これらの過程をつなげると、陽子崩壊$p \to \pi^0 + e^+$が起こる。

さて、統一理論に現れるエネルギーは、先に述べたように、一〇〇GeV、10^{16}GeV、10^{19}GeVであるので、電弱統一理論は10^{-16}cm、大統一理論は10^{-30}cm、ひもの理論は10^{-33}cmの極微の世界を相手にしていることになる。

相互作用を直接見ることを考えよう。たとえば、弱い相互作用の構造を見るためには、脚注5の(b)図のように、解像度を上げW粒子が交換される様子を見なければならない。弱い相互作用のエネルギースケールは約一〇〇GeVなので、このエネルギーに対応するコンプトン波長10^{-16}cmの解像度が必要となる。これだけの解像度がなければ、Wの交換部分は一点に集約されてしまい、交換の様子は見えない。それでは、大統一理論やひもの理論の世界を見ることはできるのであろうか。

粒子を10^{16}GeVとか10^{19}GeVの巨大なエネルギーに加速することは、地球上では不可能である。しかし、宇宙を見ると、量子宇宙の誕生、ビッグバンの大爆発を経て、高温の時代を経て現在の0度の世界に変化してきた。したがって、過去にさかのぼってみれば、そこは高温（高エネルギー）の世界であり、大統一理論やひもの理論が実現されている世界である。過去をさか

(9) 脚注図

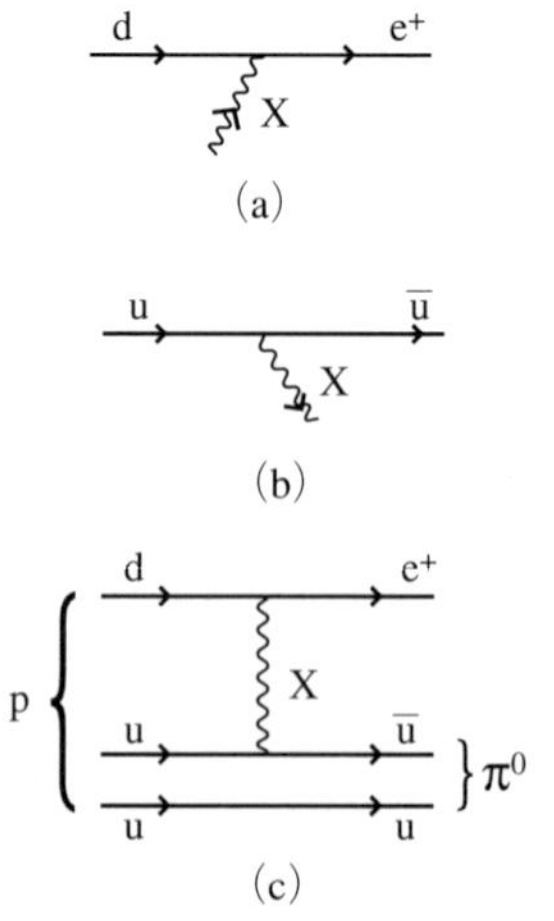

(10) 第三章を参照。クォークやレプトンを扱う理論は、考えている系を特徴づけるエネルギーにより変化する。大統一理論に現れる粒子の典型的な質量は、10^{16}GeVである。この理論を、一〇〇GeVのエネルギーが関与する世界で見ると、重たい粒子は理論には現れず、一〇〇GeV程度以下の粒子のみが現れる。こうして得られる理論が、電弱統一理論である。高いエネルギーをもつ系は、高エネルギーに加速した粒子を当てる反応で実現される。また、初期宇宙の高温の時代にも高いエネルギーの系は実現される。

(11) 高エネルギーの世界では、波長として、本当の波長λを2πで割ったものを使う。

のぼることは、遠くを見ることであるから、宇宙の果ての様子が、大統一理論やひもの理論を検証する重要な実験場を与えてくれる。

(12) 粒子にも波の性質があるため、小さいものを見るためには、その大きさに比べて大きな波長の波では見ることができず（(a)図参照）、その大きさ程度の波長の波が必要となる（(b)図参照）。

(a)

(b)

第一章　ニュートリノの正体を見る

ニュートリノが一九三〇年にパウリにより予言されて以来わかったことは、ν_e、ν_μ、ν_τの三種類が存在し、それらは左巻で、[1] 弱い力が作用する粒子であるということだけで、質量に関してはまったく謎であった。最近の神岡の実験[2]などから、ニュートリノは質量をもち、これらの間に振動現象が起こっていることがわかってきた。本章では、このことを中心に話をしよう。

現在稼働中の神岡の検出器は、図1に示すように、五万トンの水をたくわえたタンク壁に微弱な光を検出する一万二二〇〇本の光電子増倍管（2本/m^2）を並べたものである。このタンクに外部から進入してきたニュートリノは、水分子中の電子と衝突し、はね飛ばされた電子が放出するチェレンコフ光[3]を光電子増倍管で観測し、電子の方向とエネルギーを測定する。電子はニュートリノとほぼ同じ方向に走ることから、電子の走る方向はニュートリノのやってきた方向とほぼ同じと思ってよい。

以下では、まず大発見となった大気ニュートリノについて、続いて太陽ニュートリノ問題について話をしよう。

（1）ニュートリノはスピン1/2の粒子である。また、古典的にはスピンは自転の角運動量とみなされる。ニュートリノが進行方向に向かって左回転で自転しているのを左巻きニュートリノと呼ぶ。逆に右巻きに自転しているのを右巻きと呼ぶ。第二章脚注1の図を参照。

（2）富山県神岡鉱山の地下に、スーパーカミオカンデと呼ばれる検出器が設置されている。図1参照。

（3）ニュートリノが水分子のなかの電子に衝突し、はね飛ばされた電子がチェレンコフ光を出している。

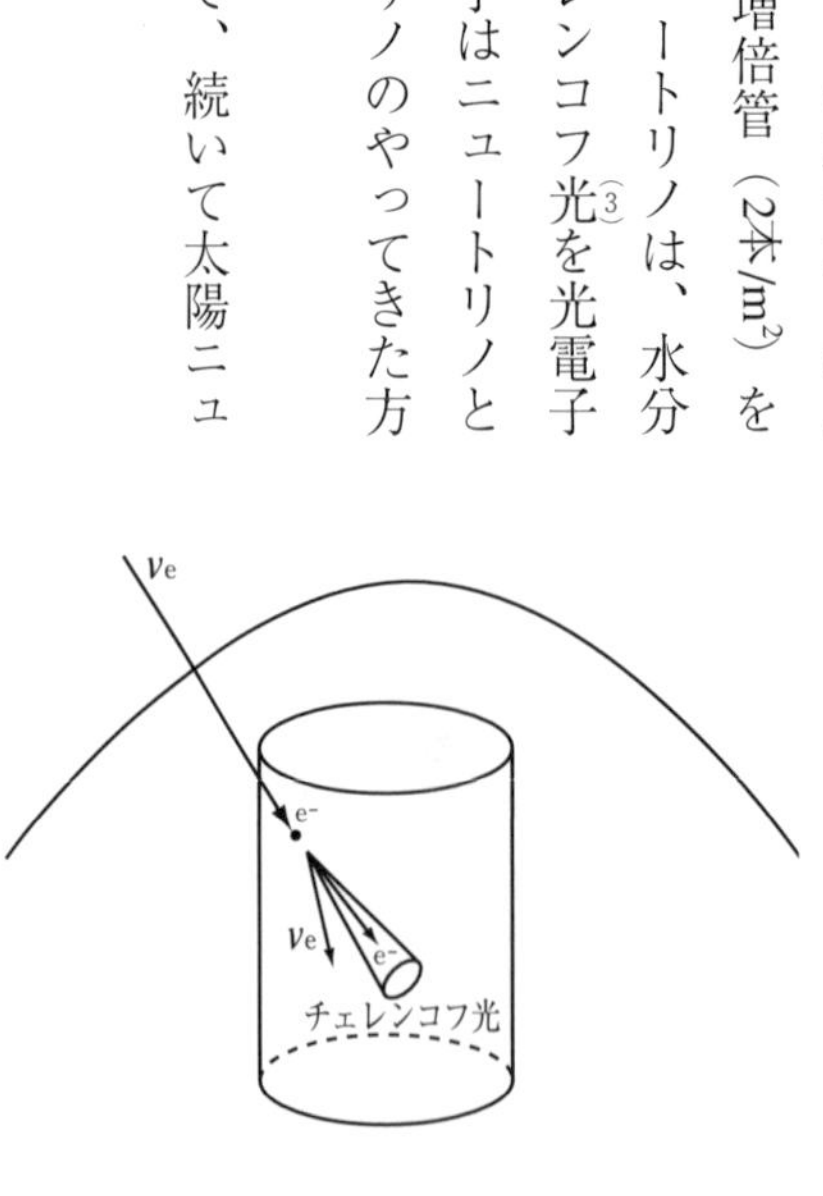

一　大気ニュートリノ

大気ニュートリノとは、宇宙線（主に陽子）が地球の大気に突入するさいにつくられる宇宙線シャワー[4]のなかに含まれる、ν_eとν_μとこれらの反粒子$\bar{\nu}_e$と$\bar{\nu}_\mu$のことで、これらのフラックス[5]を神岡の検出器で測定した。このフラックスのうち、上方からくるものと下方からくるものを比較したところ、驚くべき大発見があった。ν_μや$\bar{\nu}_\mu$に関して、上方からのフラックスに比べて下方からのフラックスはおよそ半分に減っているというのである。ν_eや$\bar{\nu}_e$に関してはこのような異常は見られなかった。一九九八年の高山での国際会議で発表されたデータを図2に示す。参加者全員は立ち上がり、拍手喝采でもってこの大発見を祝福した。

宇宙線は一様に地球に降りそそぐと考えら

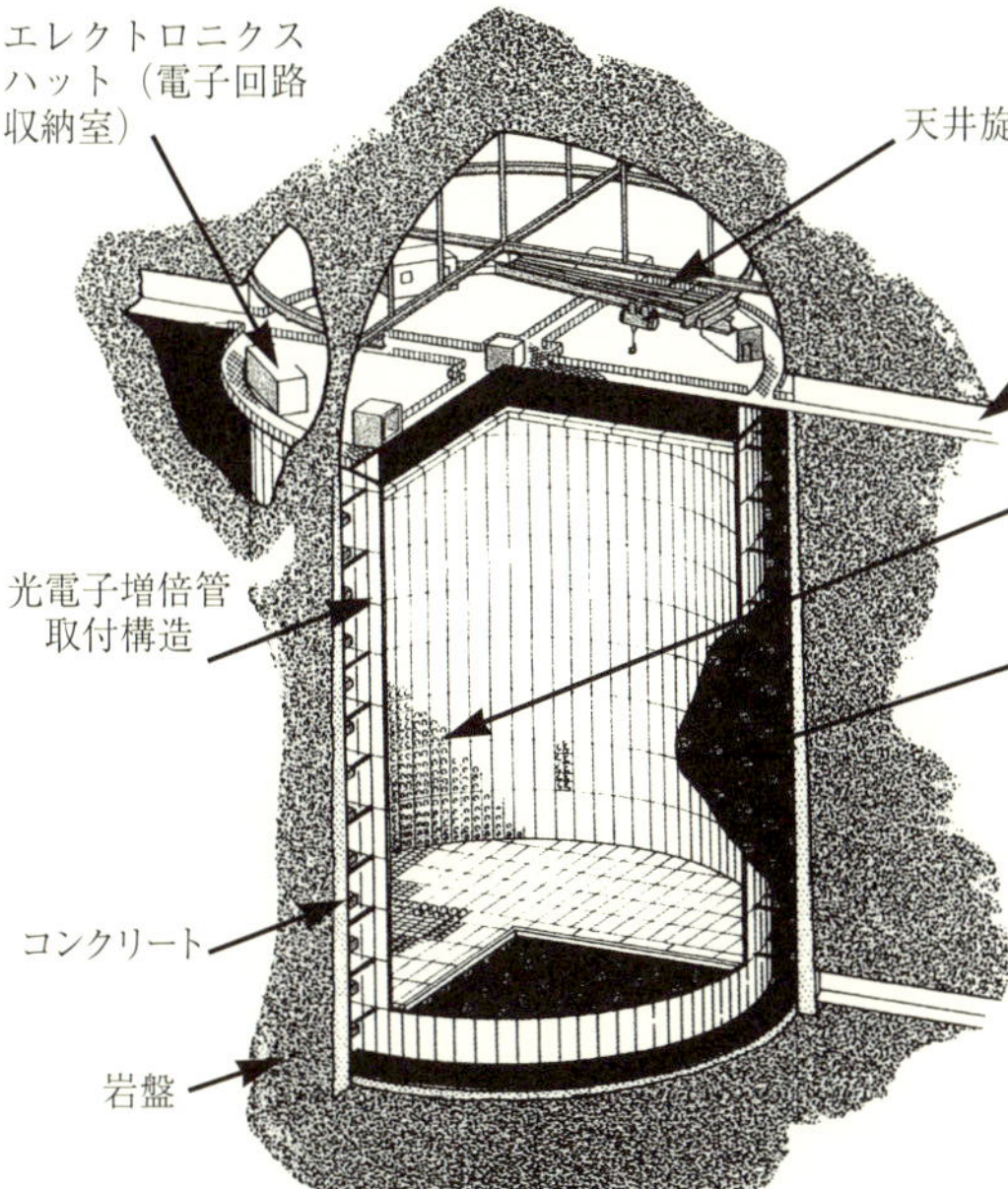

半径15.6mで高さ16mのタンクの中に5万トンの水を蓄えている．ニュートリノは水分子の中の電子と衝突するが，そのさい蹴飛ばされた電子が放出するチェレンコフ光を壁に張り巡らしている12,200本の光電子増倍管で観測する．これにより，ニュートリノのエネルギー，方向，フラックスを測定する．

図1　スーパーカミオカンデ検出器

れる。また、ニュートリノは地球を貫通するぐらいへっちゃらなので、上方と下方でフラックスに違いはない。明らかに、およそ半分のν_μや$\bar{\nu}_\mu$フラックスが、地球を横切る間に消え失せたのだ。参加者が興奮したのは、この実験データがニュートリノ振動の疑いのない証拠と認めたからである。

二　ニュートリノ振動

ニュートリノ振動とは、ベータ崩壊や散乱過程で生成されたν_μが定まった質量をもっていないときに起こる。いま、ν_μとν_τが次式のように質量m_2とm_3をもつ状態ν_2とν_3から成り立っているとしよう。

$$\nu_\mu = (\nu_2 + \nu_3)/\sqrt{2},\ \nu_\tau = -(\nu_2 - \nu_3)/\sqrt{2}$$

量子力学によれば、質量m（エネルギーE⑥）をもつ粒子の時間発展は位相の変化（$\exp(-iEt/\hbar)$）

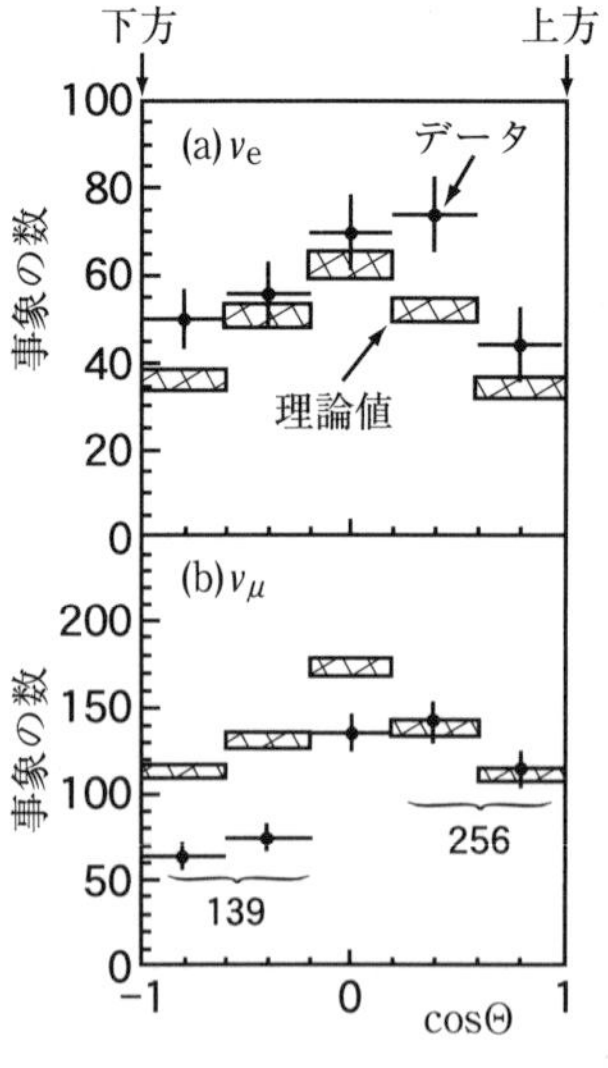

図2
高山の会議で発表された
大気ニュートリノのデータ

(a)と(b)はそれぞれ，ν_eとν_μよる事象の数を角度の関数として表したものである．$\cos\Theta = 1$が上方，-1が下方からきたニュートリノの事象である．四角の箱は理論値（モンテカルロ計算）で，ν_μによる事象に関して明らかに異常が見られる．上方からの事象は理論値とよく合っているが，下方からの事象が理論値の半分程度しかない．

として表される。ここで、$\hbar = h/2\pi$（hはプランク定数）である。質量が違うと、エネルギーも異なるので、ν_2とν_3の位相の進み方は異なる。このため、最初$t = 0$でν_μ（同位相$\nu_2 + \nu_3$）であったニュートリノが、時間が進むと逆位相のν_τ（$\nu_2 - \nu_3$）となり、さらに時間が経つと同位相のν_μにもどる振動を繰り返す。(7) これがニュートリノ振動である。どのくらい転換するかは、ニュートリノが飛行する時間（または距離$L = ct$、cは光速）に依存する。

一般的な混合の場合、混合角θを用いて

$$\nu_\mu = \cos\theta\,\nu_2 + \sin\theta\,\nu_3,\quad \nu_\tau = -\sin\theta\,\nu_2 + \cos\theta\,\nu_2$$

と表される。この場合、ν_μが時刻tの後にν_τに変換する確率は

$$P(\nu_\mu \to \nu_\tau\,;\,t) = \sin^2 2\theta\,\sin^2((m_3{}^2 - m_2{}^2)\,ct/4\hbar E) \quad (1)$$

と表される。ニュートリノ振動から混合角θと質量の二乗の差（$m_3{}^2 - m_2{}^2$）が決定される。大気ニュートリノの詳しい解析から、

$$\sin^2 2\theta \simeq 1,\quad |m_3{}^2 - m_2{}^2|c^4 \simeq 3.4 \cdot 10^{-3}\,\mathrm{eV}^2$$

という値が得られている。つまり、もっとも重たいニュートリノの質量（m_2とm_3の大きい方）は、$\sqrt{3.4 \times 10^{-3}\mathrm{eV}^2} \sim 0.06\mathrm{eV}$より重いことがわかる。

(4) 宇宙線は大気との衝突で、πやK中間子を大量に発生させ、これらの崩壊でν_eやν_μができる。
$\pi^+ \to \mu^+ + \nu_\mu$, $K^+ \to \mu^+ + \nu_\mu$
└→$e^+ + \nu_e + \bar{\nu}_\mu$　└→$e^+ + \nu_e + \bar{\nu}_\mu$

(5) 単位時間、単位面積あたりやってくるニュートリノの数。

(6) エネルギーは質量と$E = \sqrt{p^2c^2 + m^2c^4}$で関係している。ここで、$p$は運動量、$c$は光速である。ニュートリノの質量はたいへん小さいので、エネルギーは$E \sim pc + m^2c^4/2E$と近似的に表される。この式は脚注7で位相差を計算するために使われる。

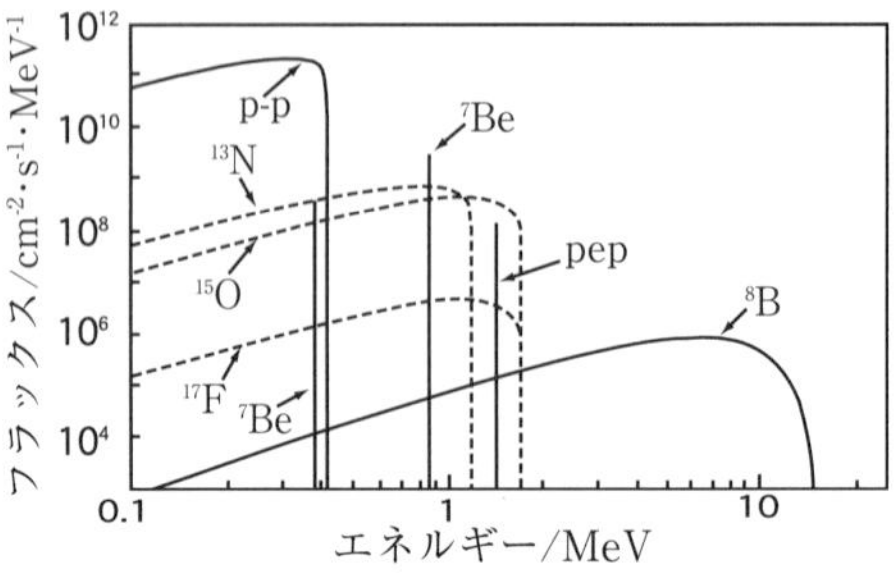

図3
太陽ニュートリノのエネルギー分布

実線はppチェーン，波線はCNOサイクルからのニュートリノである．

三　太陽ニュートリノ問題

太陽の内部で四個の水素（H）がヘリウム（^{4}He）になる核融合反応が起こっており、それに伴って大量のエネルギーを放出している。この過程で大量のν_eが生成される。図3に太陽ニュートリノのエネルギー分布を示している。主に生成するのは、ppチェーンと呼ばれる二つの陽子（p）が重水素（^{2}H）に変わる反応で発生する、ppニュートリノと呼ばれているもので、このほかにベリリウム（Be）やボロン（B）が関与する反応で発生するBeニュートリノやBニュートリノがある。(8) このほか、CNOサイクルと呼ばれる反応からもニュートリノが発生する。これらの反応から発生するニュートリノのエネルギーはたいへん異なっている。ppはエネルギーが低い、Beは中間の、Bは高いエネルギーのニュートリノを発生する。

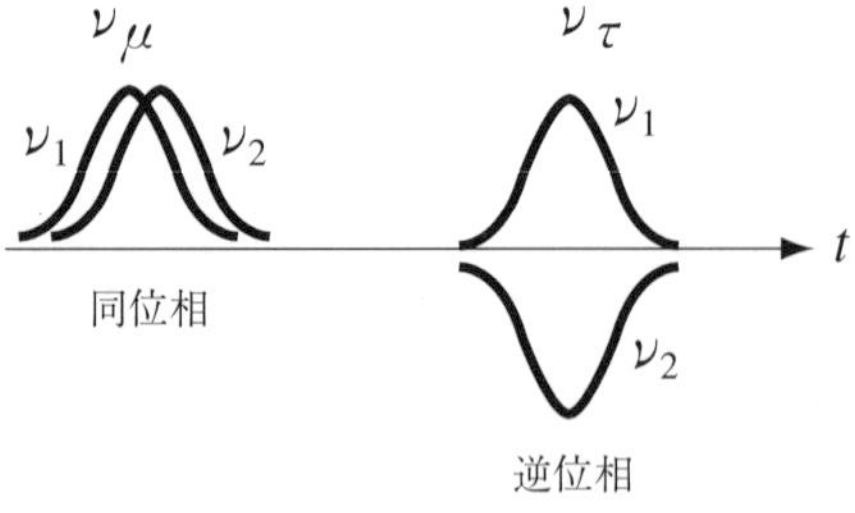

（7）位相の差は exp（$-i$（E_3-E_2）$t/\hbar$）～ exp（$-i$（$m_3{}^2-m_2{}^2$）$c^4t/2\hbar E$）となる。時間が（$m_3{}^2-m_2{}^2$）$c^4t/2\hbar E$= π満たすとき、ν^2とν^3は逆位相になる。

（8）ppニュートリノは p + p → ^{2}H + e^{+} + ν_e（$E\nu$<0.42 MeV）で、Beニュートリノは ^{7}Be + e^{-} → ^{7}Li + ν_e（$E\nu$ = 0.861 MeV, 0.383 MeV）、Bニュートリノは ^{8}B → ^{8}Be + e^{+} + ν_e（$E\nu$ < 15 MeV）で発生する。

デービスの実験

太陽ニュートリノを観測しようとする壮大な計画を初めて実行したのはデービスで、一九六〇年代後半より観測を始めた。米国のホームステイク鉱山の地下約一五〇〇メートルに置かれた巨大なタンクのなかに、一三三トンの四塩化炭素をたくわえる。タンクのなかの膨大な数の塩素（Cl）とνeが反応してアルゴンを発生する過程を測定した。(9) ここで観測されるニュートリノは〇・八MeV以上のエネルギーをもつもののみである。(10) したがって、おもにBeニュートリノを含む中間エネルギーの太陽ニュートリノを測定したことになる。観測したニュートリノのフラックスは、太陽の標準理論の予測に比べ、約1/3ほどしかないことがわかった。これが太陽ニュートリノ問題である。この時点では、フラックスの減少が、ニュートリノによるものか太陽の標準模型によるものかよくわからなかった。しかし、ニュートリノに関する関心はおおいに高まった。

ニュートリノの質量と大統一理論

一九七〇年代半ばに、電磁気力、弱い力と強い力の三種類の力を統一的に記述する理論である大統一理論が提案された。この理論の特徴の一つは、クォークとレプトン（ニュートリノや電子など）を同等な立場で扱うことにある。自

(9) 反応は $\nu_e + {}^{37}Cl \rightarrow e^- + {}^{37}Ar$ ($E\nu > 0.8$ MeV)。

(10) この反応は $E\nu>0.8$ MeVのときのみ起こる。このニュートリノの最低のエネルギーを、反応のしきい値という。

然な帰結として、クォークや電子が質量をもつのだから、ニュートリノも質量をもつのが自然であるとの認識が生まれた。こうして、一九八〇年代に入り、ニュートリノの質量に関する実験と理論の両方面からの探求が活発になされた。しかし、多くの実験努力にもかかわらず、太陽ニュートリノ問題の成果を除いて、ニュートリノが質量をもつ証拠はどこにも見あたらなかった。このような状況で、一九九八年の大気ニュートリノでのニュートリノ振動の大発見が突然やってきたのである。この大発見はニュートリノの謎という巨大なダムにあけられた小さな穴のようなものであるが、この穴からの流れは激流に変わってきつつあり、近いうちに全面決壊、つまりニュートリノに関する謎の全解明に到達するであろう。

さて、クォークとレプトンを同等に扱うことからのもう一つの帰結は、クォークがレプトンに変換する過程が存在することである。このため、陽子は安定でなく、陽子崩壊が予言されている。ニュートリノの質量の発見から、近い将来の陽子崩壊の観測もおおいに期待される。

神岡の実験

一九九〇年に、神岡で太陽ニュートリノの観測が始まった。この装置では、水に含まれるラドンの影響で、現在測定できるニュートリノのエネルギーは五

MeV以上に限られる。したがって、高いエネルギーのBニュートリノが観測にかかる。第一の成果は、はね飛ばされた電子がほぼ太陽ニュートリノと同じ方向に走ることから、[11]検出されたニュートリノが確かに太陽から来ていることを初めて確認したことである。もう一つの成果は、観測したニュートリノのフラックスが、理論の予測値の約二分の一であるとの発見である。ニュートリノのエネルギー領域は異なっているが、デービスと同様の結果を得たわけである。これらの二種類の独立な実験結果から、太陽ニュートリノ問題はニュートリノの性質によるのではないかと、真剣に考え始めた。

ガリウムの実験

BeやBニュートリノは太陽ニュートリノのうちのほんの一部である。太陽ニュートリノ問題の原因を明確にするには、大部分を占めるｐｐニュートリノを捕まえることが急務となった。そこで、ｐｐニュートリノを捕まえる実験が、イタリアのグランサソーにあるギャレックス（GALLEX）と呼ばれる装置とロシアにあるセージ（SAGE）と呼ばれる装置で実験が行われた。これらの実験は、ガリウム（Ga）を使ったものである。[12]ここで観測されるニュートリノのエネルギーの下限は〇・二三MeVで、ｐｐニュートリノの多くを観測できる。ここでも観測したフラックスが、理論予想に比べて六〇％程度しかないこ

（11）脚注（3）の図参照。

（12）反応は、$\nu_e + {}^{71}Ga \rightarrow e^- + {}^{71}Ge$ で、しきい値は〇・二三MeV。

とがわかった。

三種類の実験の意味するところ

さて、以上述べた三種類の実験にはそれぞれ特徴がある。Gaの実験ではｐｐをはじめほとんどすべてのニュートリノを、デービスの実験では、Beをはじめとする中間エネルギーとＢニュートリノを、神岡の実験では高エネルギーのＢニュートリノのみを観測している。またこれらの実験結果と理論予測とも微妙に違う。観測されたフラックスは、理論予測に比べて、デービスの実験では三〇％程度、神岡では五〇％程度、Gaの実験では六〇％程度となっている。これらのデータを総合すると、原因を太陽の構造に結びつけるのは困難であり、やはり、ν_eとν_μの間に振動が起こっていると考えられる。

さらなる追求

ニュートリノ振動からは、式（1）からわかるように、二種類のニュートリノの混合角とこれらの質量の二乗の差がわかる。大気ニュートリノ実験からは、ν_μとν_τの間の混合角と質量の二乗の差について、唯一の解が得られた。太陽ニュートリノの実験の場合には、ν_eとν_μにの間の混合角と質量の二乗の差に関して四つの実験を説明する解が存在し、解の特定が急務である。

（13）太陽と地球上の検出器との間の距離が違うことを利用している。

神岡では、ニュートリノのフラックスが、ニュートリノのエネルギーにどのように依存するか、昼と夜や季節による差[13]がないかを見ている。これらのデータを総合し、徐々に解が絞られてきている。

そのほか、キーとなるBeニュートリノを捕まえる実験、ν_eの一部（または大部分）が太陽と地球の間でν_μになったことを想定して、このν_μを捕まえる実験など、さまざまな方向から太陽ニュートリノについて実験が行われており、近い将来明確な結論が得られるであろう。

四　実験の展望

現在、大気ニュートリノの実験結果の検証（K2K実験）が実験室で行われている。この実験は、筑波にある高エネルギー加速器機構でつくられたν_μを神岡の観測装置に向けて発射し、約二五〇km走っている間に一部が失われるかどうかを見る実験である。ニュートリノは、途中、地球の内部を横断していく[14]。ニュートリノ振動の実験には、大量の標的（神岡の場合は水）と地球的規模の距離が必要なのだ。

また、KamLANDという計画もある。観測装置は神岡に置かれており、標的は水ではなく液状のシンチレーターである。日本各地の原子力発電所で発生し

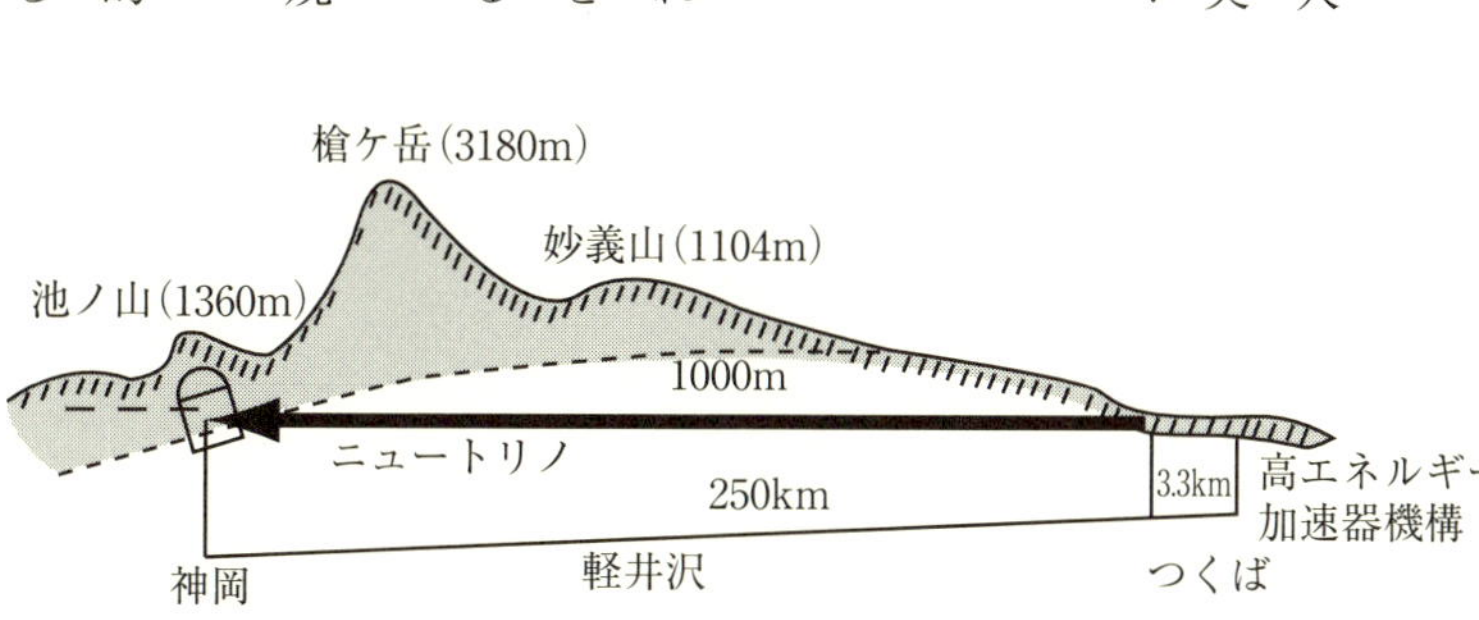

長基線ニュートリノ振動実験(K2K)

（14）筑波で発生させたν_μを神岡の検出器で見る、K2K計画。

たニュートリノをここで観測しようというわけである。

多くの実験計画が目白押しの状態で、近いうちに多くの重要な発見があると思われる。

まとめ

ニュートリノの予言から七十年近く経って、謎である質量と混合の正体がやっと見えてきた。しかし、ニュートリノ振動実験からは、質量の二乗の差と混合角だけが決定でき、ニュートリノの質量[15]のそのものは決定はできない。しかし、もっとも重いニュートリノの質量は、本章第二節で述べたように、大気ニュートリノからの$\sqrt{|m_3{}^2-m_2{}^2|c^4}\sim 0.06$ eVより大きく、またほかの情報から一eV程度より小さいことがわかっている。[16] まだまだ、質量に関する探求は始まったばかりである。

最後に神岡のグループと米国ＩＭＢのグループとの大発見である、超新星からのニュートリノの観測について紹介しておこう。一九八七年にマゼラン星雲のなかの星が大爆発を起こした。この爆発で発生したニュートリノが神岡の観測器にかかったわけである。データを見ると、[17] ほんの一、二秒の間だけニュートリノの観測頻度が高く、これが超新星から来たニュートリノであることがわかる。さて、ニュートリノを観測した時刻であるが、超新星爆発の観測（光学

(15) 素粒子の世界では、通常質量は静止質量エネルギー mc^2を意味する。したがって、単位として電子ボルト（eV）が用いられる。電子は約〇・五MeV、陽子は約一GeVとわかりやすい単位であることもあるが、多くの場合崩壊過程や散乱過程に現れ、崩壊や散乱のエネルギーと比較されるためである。

(16) 原子核のニュートリノを伴わない二重ベータ崩壊の実験は、強い制限を与える。たとえば、^{76}Ge → ^{76}Se＋e^-＋e^-は、ニュートリノが真性中性（マヨラナ）粒子で、質量をもつときのみ起こる。この過程の半減期の上限から、ニュートリノの質量の上限が得られている。

望遠鏡で光を観測）の知らせを受けたあと、過去にさかのぼってニュートリノの事象を見つけたのだ。光は密度の高い超新星の内部を通り抜けるのに電磁気の力を受けるためにかなりの時間がかかるが、ニュートリノは弱い力しか受けないため、早く通り抜けることができたのである。

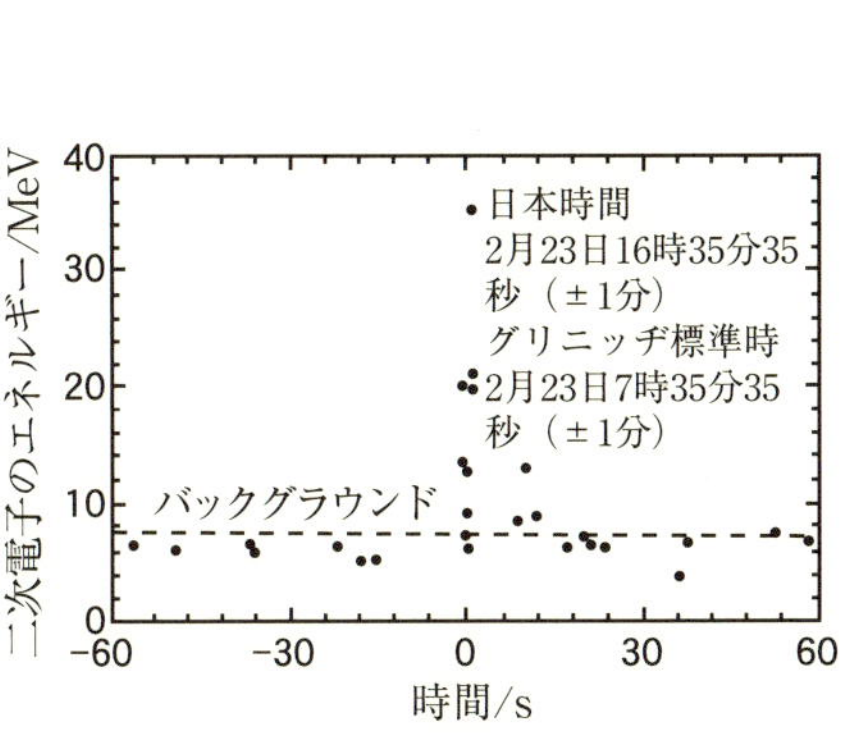

（17）神岡で観測された超新星からのニュートリノ（時刻〇から一二秒間に観測された異常にたくさんの事象）。

第二章　対称性の破れとあまんじゃく

一　瓜子姫とあまんじゃく

「瓜子姫とあまんじゃく」という文楽（人形浄瑠璃）がある。瓜子姫という女の子が山のなかで留守番をしていると、人の言うことを何でもまねする、あまんじゃくというういたずら好きな鬼のような男の子が出てくる。あまんじゃくは瓜子姫をさらったあと瓜子姫に化けて家にもどり、瓜子姫のおじいさんとおばあさんを食べてしまおうとする。ところが、瓜子姫の友達のカラスやトンビが鳴いたので、思わずあまんじゃくはその鳴き声をまねてしまい、正体がばれてしまうという、少し恐いがゆかいな話である。このあまんじゃくを例にとり、少し変わったあまんじゃくに、以下、登場してもらおう。

二　景色をひっくり返すあまんじゃく

まずご登場願うあまんじゃくは、音をまねる代わりに、あたりの景色の左右をひっくり返して人に見せるPあまんじゃくである。さて、目に映っているものが本当の世界か、それともPあまんじゃくがいたずらをして左右をひっくり返しているのかは、どうすれば区別できるだろうか。ただし、ここでは一応物理の話をしているつもりなので、やれ心臓は左側にあるなどという進化の途中でたまたま起こったようなことは、ここでは使わない約束にしよう。

　Pあまんじゃくがいたずらをすると、右から左に飛んでいくカラスは左から右に飛んでいくように見えるだけで、なんら不思議なことはない。カラスが落とした石が落ちていく様子（重力と力学の法則）を見ても、左右がひっくり返っているのかどうか区別はつかない。落とした石が、たまたま強く正の電荷に帯電していて、近くにあった（負の電荷をもつ）電子が石に引きつけられた（電磁力）としても、その光景は左右がひっくり返っていても区別がつかない。同じように、石のなかの原子のなかの原子核の陽子と陽子が引きつけられている様子（強い力の働き）を見ても、区別はつかない。

　ところが、景色をひっくり返すPあまんじゃくのしわざを見破る手がある。たとえば、磁石のような性質をもつニュートリノは、進行方向にS極が向くものしかない。ところが、左右がひっくり返っていると、進行方向にN極が向く。(1) このようなニュートリノはこの自然界に存在しないので、ははーん、Pあまんじゃくのいたずらだな、とわかる。ニュートリノのこのような奇妙な性質は、中性子の崩壊やニュートリノの反応などにかかわる、いわゆる弱い力のもつ性

（1）磁石は、コイルを流れる電流でつくることができる。ニュートリノを脚注図のように、コイルを巻いた矢で置き換えよう。そのコイルに電流を流して、飛ぶ方向をS極にしよう。この様子を鏡に映して見ると、矢は逆方向に飛んでいるように見えるが、コイルを流れる電流の向きはもとのままである。したがって、磁石の向きももとのままである。つまり、飛ぶ方向がN極であるように見える。

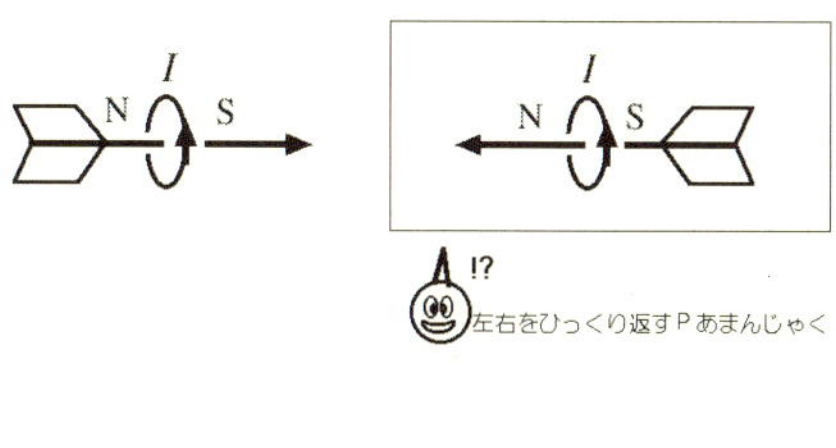

質によるものである。これを、「弱い力は左右の対称性（パリティーの対称性）を破っている」という。

次にご登場願うあまんじゃくは、粒子と反粒子をひっくり返した景色を人に見せるCあまんじゃくである。こいつにかかると、たとえば、負の電荷をもつ電子は正の電荷をもつ陽電子に見えるし、正の電荷をもつ陽子は負の電荷をもつ反陽子に見える。しかし、そのようないたずらをされた景色はなかなかもとの景色と見分けがつかない。電荷が逆ではないかと思われるかもしれないが、電荷の定義をしようにも、原子核の周りをまわっている電子の電荷を負とする、などという定義を使っている限り、反粒子でできている反物質の世界を眺めても、物質の世界とはなかなか見分けがつかない。

しかし、ニュートリノを見ると、これまたCあまんじゃくのしわざを見破ることができる。Cあまんじゃくにかかるとニュートリノはその反粒子である反ニュートリノに見えるが、粒子と反粒子をひっくり返しただけでは、ニュートリノに固有な磁石の向きは変わらない。つまり、ニュートリノは進行方向にS極が向いた反ニュートリノとして見える。(2) ところが、自然界にある反ニュートリノは進行方向にN極が向いたものしかない。したがって、ははーん、Cあまんじゃくがいたずらしたなと見破ることができる。

これも弱い力の性質によるもので、「弱い力は粒子・反粒子の入れ替えに対

(2) 粒子と反粒子をひっくり返すCあまんじゃくはニュートリノを反ニュートリノに見せる。しかし、電流の向きまでは変えられないので、ニュートリノがもっている固有な磁石の向き、つまり進行方向がS極という性質はそのままである。ところが、そうした反ニュートリノはこの自然界にはないので、Cあまんじゃくのいたずらであることがばれる。

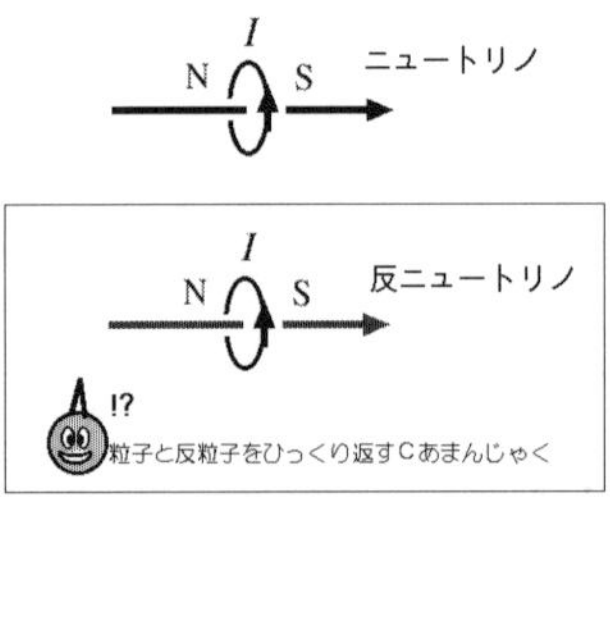

する対称性を破っている」という。

三　ＣＰの対称性とその対称性を破るあまんじゃく

では、左右をひっくりかえすＰあまんじゃくと、粒子・反粒子をひっくり返すＣあまんじゃくが二人がかりでかかってくると、どうなるだろうか。つまり、世の中の左右はひっくり返るし、粒子と反粒子もひっくり返って見える。すると、先ほど活躍したニュートリノも、進行方向にＮ極がある反ニュートリノに見え、これは自然界にある反ニュートリノと区別がつかない(3)。すなわち、われわれには、二人のあまんじゃくが共同でいたずらをしているのかどうか、見分けがつかない。

物理屋は、自然はできるだけ単純でかつ対称性を保っていると信じているので、このようなＣとＰのあまんじゃくのいたずらの結果が現実と見分けがつかないことで、実はほっとしていた。

しかし一九六四年になって、左右と粒子・反粒子ををひっくり返した世界が、現実の世界と少し異なることが発見された。これをＣＰの対称性の破れという。

実際に発見された現象を説明するには、いろいろな知識を要するので、ここではその後に見つけられた別の現象を用いて説明しよう。

（3）Ｃあまんじゃくと Ｐあまんじゃくが二人がかりでかかってくると、左巻きのニュートリノは右巻きの反ニュートリノに見える。なぜなら、Ｐあまんじゃくによってまず左巻きのニュートリノは右巻きのニュートリノになり、次にＣあまんじゃくによってそのニュートリノから反ニュートリノになるからである。

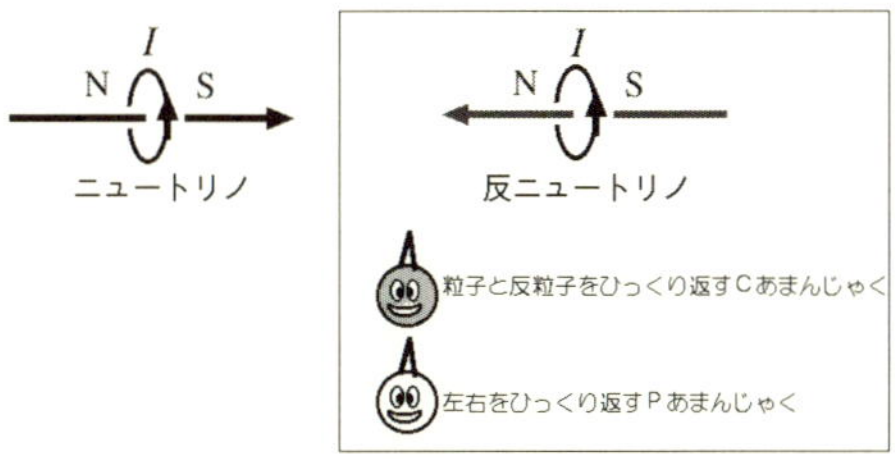

たとえば、高いエネルギーの陽子を物質に当てると、さまざまな粒子ができるが、これらに磁場をかけて電荷をもった粒子をはね飛ばしてやると、中性の粒子のみが残る。さらに、粒子の重心系で約10^{-9}秒ほど待つと、中性の粒子のなかでもK_Sなどの寿命の短い粒子はほとんどなくなり、寿命の長い中性子とK_Lと呼ばれる粒子が残る。(4) K_Lという粒子は、実はdと$\bar{s}$クォークからなるK^0と、その反粒子である$\bar{K}^0$の重ね合わせでできている。さて、これらの成分のうちK^0は$e^+\pi^-\nu$に壊れ、$\bar{K}^0$は$e^-\pi^+\nu$に壊れるが、逆になることはない。(5) もしCPの対称性が保たれていれば、K^0と$\bar{K}^0$の成分は同じ量だけK_Lのなかに含まれているので、壊れて出てくるe^+の数とe^-の数は等しいはずである。ところが、実際にはe^+の数の方が〇・三%だけ多いことがわかった。

CとPのあまんじゃくが共同でいたずらをしても、この現象を見てやれば、e^+の代わりにe^-が多くでるので、ははーん、これはあまんじゃくのしわざだなと、見分けがついてしまうのである。つまり、弱い力はCPの対称性を破っている。

四　CP対称性を破るあまんじゃくは誰だ

さて、このようなCPの破れはなぜ起こるのだろうか。K_Lという平衡状態

（4）粒子の寿命は、生物の寿命とは異なり、粒子がいつ生まれたかという記憶は粒子にはない。あるのは、今、ある短い時間内に他の粒子に壊れてしまう確率だけである。たとえば、中性子が一秒間に壊れる確率は約九〇〇分の一であるとする。つまり、中性子を九〇〇個集めると、一秒後には一個壊れて八九九個になる。次の一秒間には八九九個の九〇〇分の一の〇・九九九個が平均壊れる。こうして、九〇〇秒後には、平均九〇〇個のe（自然数2.71828..）分の一の三三一個になる。この、もとの数のe分の一になるまでの時間をその粒子の寿命という。K_Sの寿命は0.9×10^{-10}秒、K_Lの寿命は5×10^{-8}秒である。

（5）$\bar{K}^0$のなかのsクォーク（電荷−1/3）は、弱い力を媒介するw^-を出してuクォーク（電荷＋2/3）に変わる。w^-は電子（e^-）と反ニュートリノを生む。電荷を保存するためには、陽電子（e^+）を出すことはできない。反対にK^0中の$\bar{s}$クォーク（電荷＋1/3）はw^+を出してuクォーク（電荷−2/3）に変わる。w^+は電荷を保存するために陽電子を出すが、逆に電子を出すことはできない。

において、K^0の成分がつねに若干多いということは、$\bar{K}^0$からK^0に移り変わる現象（とその反対にK^0から$\bar{K}^0$に移り変わる現象）があり、前者の移り変わりの方が若干多いということを示している。このような粒子と反粒子に対するえこひいきは、実はK^0から$\bar{K}^0$に移り変わる強さに複素成分がはいっていると起こる。この移り変わりの強さを決めるのは、K_LとK_Sの寿命の差に関係するDというパラメータと、K_LとK_Sの質量の差に関係するMというパラメータである。$\bar{K}^0$からK^0に移る反応の強さは$A = M + iD$の大きさにより、$\bar{K}^0$からK^0へ移る反応の強さは$\bar{A} = M^* + iD^*$の大きさによる。ここで、M^*はMの複素共役である。さて、MもDも実数ならば、Aと$\bar{A}$の大きさは等しい。しかし、Mが複素数ならば、Aと$\bar{A}$の大きさは異なる。(6)

では、Mを実数ではなく、複素数にするいたずらをしている犯人（CPの破れのあまんじゃく）は誰なのだろう。

CPの破れが発見されたころは、十数種類におよぶ説がいろいろと出たが、その後のさまざまな実験によってそれらのほとんどの説はつぶされ、二つの理論だけが生き残った。一つは、弱い力よりもさらに弱い力があり、この力がK^0を$\bar{K}^0$に変え、かつMに複素成分を付け加えているという説である。これを超弱あまんじゃくと以下いおう。それに対し、小林・益川はクォークが（u、d）、（c、s）、（t、b）と三世代あると、これらが弱い力を介して混じりあう

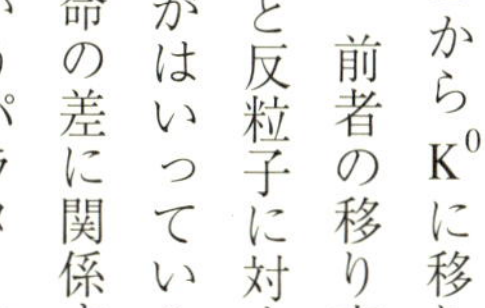

$\bar{K}^0 \rightarrow \pi^+ e^- \bar{\nu}$の崩壊

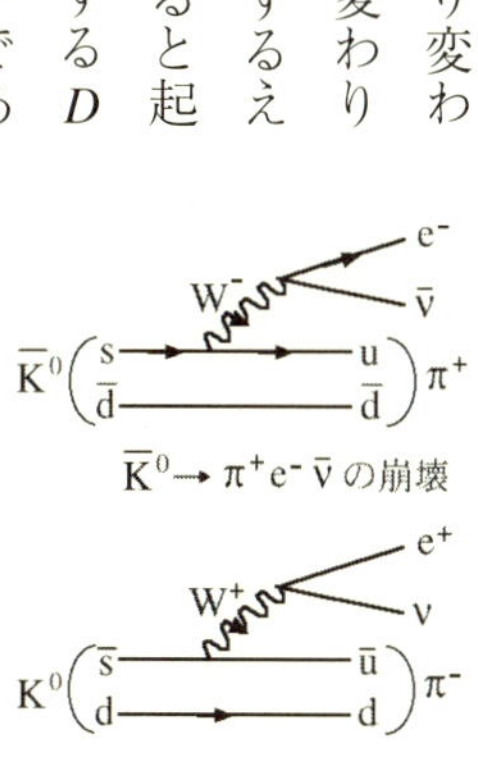

$K^0 \rightarrow \pi^- e^+ \nu$の崩壊

（6）Mが実数であれば、$M + iD$と$M^* + iD^*$の大きさは同じであるが、Mが複素成分を含むと、両者の大きさは異なる。

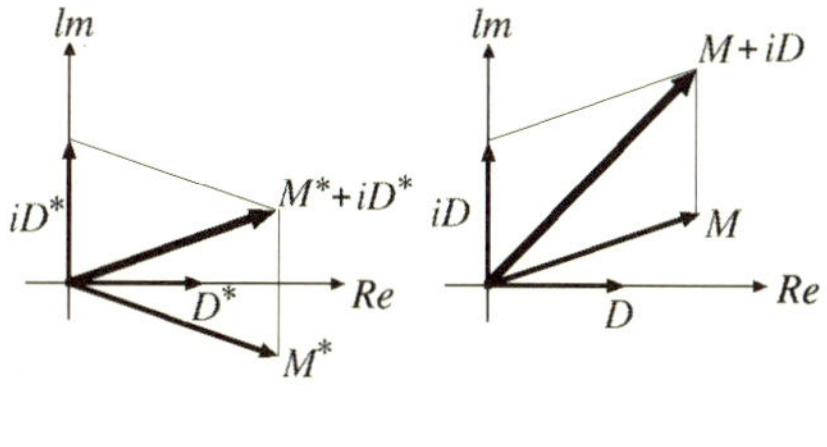

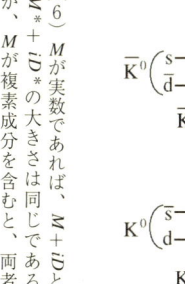

ときに必然的に複素成分が入り込み、Mが複素数になると説明した。これを小林・益川あまんじゃくと呼ぼう。(7)

これらの二人のあまんじゃくのうち、どちらが本当にいたずらをしているのかを調べるために、実験が行われた。

五　CPを破るあまんじゃくを決める実験

これら二人のあまんじゃくを区別するには、K^0と$\bar{K}^0$の間の混じりにおけるCPの破れ以外に、K^0からの崩壊の過程そのものでもCPが破れているかどうか調べればよい。超弱あまんじゃくはK^0と$\bar{K}^0$の移り変わりでしかいたずらできないので、Kの崩壊にはCPの破れを起こせない。それに対して、小林・益川あまんじゃくならば、脚注(8)の図に示すような過程において、複素数をもち込んでいたずら（CPの破れ）を起こせる。

崩壊においてCPが破れているならば、$K_L \to \pi^+\pi^-$と$K_S \to \pi^+\pi^-$の崩壊頻度の比が、$K_L \to \pi^0\pi^0$と$K_S \to \pi^0\pi^0$の崩壊頻度の比が異なりうる。そこで、これらの比の比を精密に測る実験がアメリカとヨーロッパで行われた。

いずれの実験も、巨大な加速器を用いて約四〇〇GeV（GeVは10^9eV）とか八〇〇GeVまで加速した陽子を金属棒に当ててK_Lのビームをつくる。約百メ

(7) 小林・益川によると、図のように三世代のクォークを交えてK^0が$\bar{K}^0$になる場合、必然的に複素成分が入ってくる。このため、前述のMというパラメータが実数ではなく複素数になり、$M+iD$とM^*+iD^*の大きさが変わり、K^0と$\bar{K}^0$の間の遷移の速さが方向によって異なる。

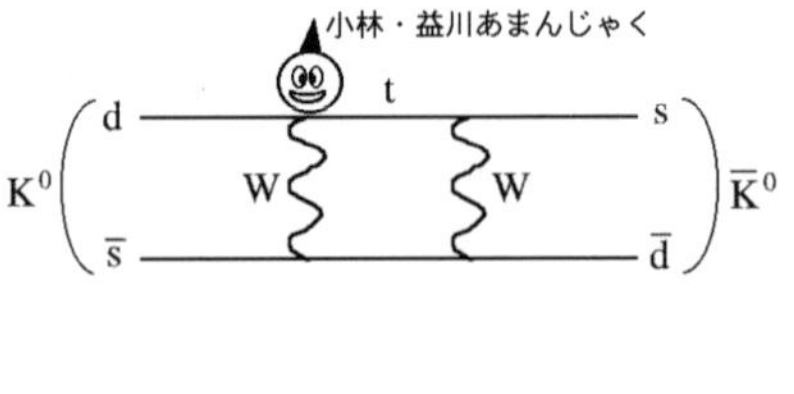

(8) 左の図は、$\bar{K}^0$が三世代のクォークを交えて二つのπに壊れる様子を表す。このとき、小林・益川あまんじゃくがこの過程に複素成分をもち込み、CPの破れをつくることができる。

ートル以上下流で二個のπ中間子に崩壊した事象を観測することによってK_Lの崩壊を集める。アメリカでは、二本のK_Lのビームのうち一方に物質を置いてK_Sをつくり、ヨーロッパでは、実験装置に近いところに別の標的を置いて、それに陽子を当てることによってK_Sをつくった。

一九八七年頃に行われた実験では、ヨーロッパのグループは$\pi^+\pi^-$に壊れる比と$\pi^0\pi^0$に壊れる比が標準偏差の三倍の差で有為に異なるとしたのに対し、アメリカのグループはそれらの比は同じであることと矛盾しない結果を得た。そこで、この違いを調べるべく、両グループともに新たな実験装置をつくり、精度を数倍良くした実験を一九九六年ごろから行った（図1）。この結果、アメリカのグループも、二つの比が標準偏差の六倍の差で有為に異なる結果を出し、ヨーロッパのグループも一部のデータをもとに、それらの比が異なるという結果を出した。

これにより、崩壊の過程においてもCPの破れが起こっていることが確定的となり、CPの破れが超弱あまんじゃくのせいではないことがはっきりし、小林・益川あまんじゃくのせいであることがより確信に近づいた。

これらの比の違いはわずかに一・三％程度と小さいため、ほんのちょっとした影響も考慮せねばならない。両グループともに最善の測定器とビームライン、測定技術を駆使し、データの解析も徹底的に細かいところまで詰めるという苦

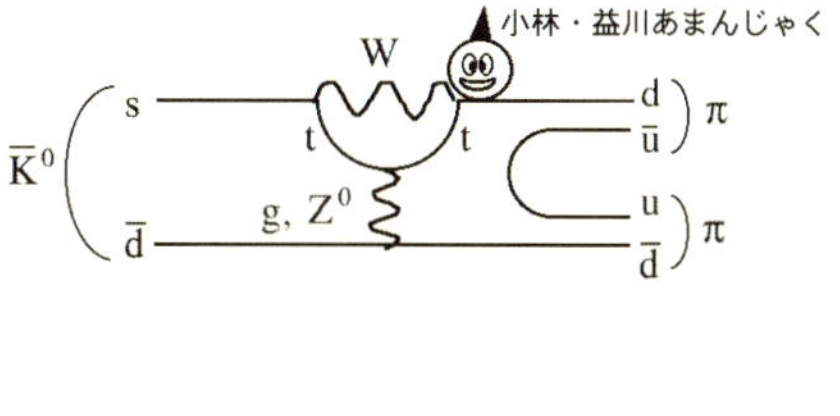

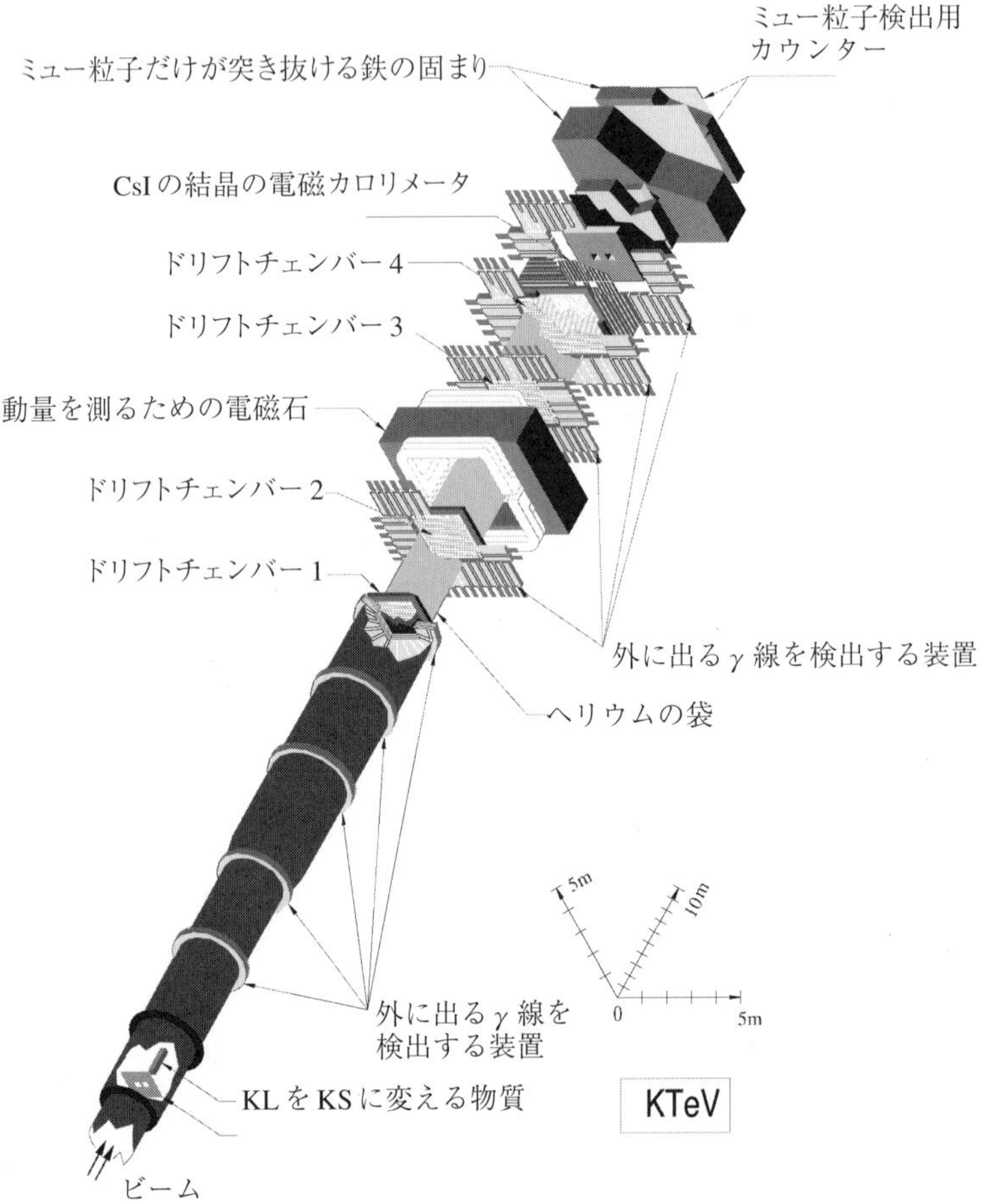

図1　アメリカのKTeV実験装置

図の左下より，K_Lのビームが二本，測定器に入ってくる．一方のビームには物質が置いてあり、物質を通過すると，K_LがK_Sに変わる．これにより，K_LとK_Sのビームが一本ずつできる．長さ約60mの真空の筒の中でK粒子が壊れてできた粒子を，その下流に置いた測定器で観測する．

崩壊でできたπ^+などの荷電粒子の軌跡を，通過位置のわかる4枚のドリフトチェンバーから求める．電磁石の上流にある2本以上の軌跡を用いると，その交点からK中間子の壊れた位置がわかる．さらに，各粒子の運動量は，電磁石での曲がり具合から測る．

K中間子が$\pi^0\pi^0$に壊れた場合，π^0はすぐに2個のガンマ線に壊れる．これらのガンマ線を検出するために，純粋なCsI結晶3100本を縦横1.9m角に積み重ねた電磁カロリメータを用いる．ガンマ線はCsIの結晶に当たると多数の電子と陽電子の対を作り、これらが結晶を光らせる．これにより，当たったガンマ線の位置とエネルギーが求まる．

労を積み重ねたすえの結果である。

六　あまんじゃくの背の高さ

さて、CPの破れを起こすのが小林・益川あまんじゃくであることがわかってきた現在、次のステップはこのあまんじゃくの背の高さを測ることである。この背の高さをさまざまな方法で測ってみて、どれも矛盾なく一致すれば、小林・益川のCPの破れに対する理論が正しいことが確立できる。

現在、精力的に進められている一つの方法は、bクォークを含むB中間子を用い、Bとその反粒子である$\bar{B}$が、それぞれ$J/\psi\ K_S$に壊れる崩壊の時間分布の違いを測定する。(9) このためe^+とe^-を正面衝突させてBと$\bar{B}$をつくり、崩壊地点を正確に測る実験を、日本とアメリカで競争して行っている。まだ実験は始まったばかりであり、二〇〇〇年の夏の国際会議では、崩壊の時間分布の違いのきざしが見えることが報告された。これはこれからデータの量が増えるに伴い、よりはっきりしてくるであろう。

B中間子を用いた方法は、いわばあまんじゃくを見上げる角度を測る（図2参照）ので、その背を測るにはもう一つ別の方向からの角度を測るなどの工夫が必要である。

(9) 粒子J/Ψは、チャーム（c）クォークと反チャーム（$\bar{c}$）クォークからなる（c$\bar{c}$）スピン1の粒子で、この粒子は、歴史的にJまたはΨと呼ばれている。このため、一般にJ/Ψと表記される。

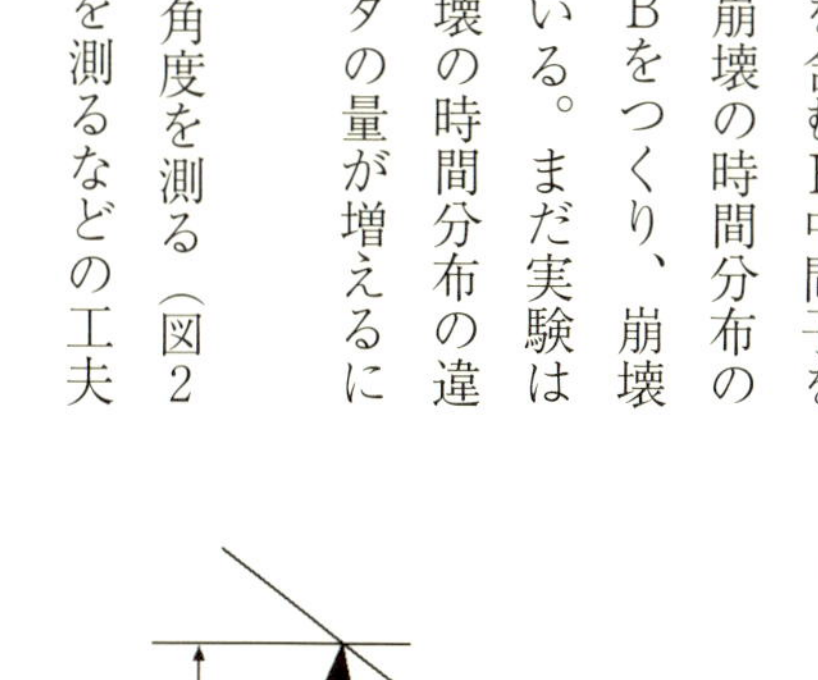

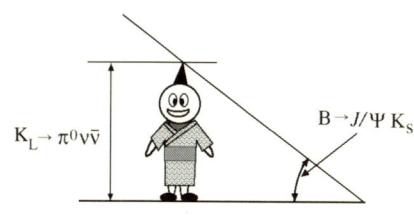

図2　小林・益川あまんじゃくの背の測り方

それに対し、その背を直接的に測る方法がある。それは、$K_L \to \pi^0 \nu \bar{\nu}$という崩壊の分岐比を測る方法である。この崩壊はCPの破れによってのみ起こり、崩壊の頻度は小林・益川あまんじゃくの背の高さの二乗に比例する。理論的な不確かさも小さいので、分岐比を測れば直接的に、かつ正確に背の高さを測ることができる。ただし、これは見える粒子がπ^0から出てくるガンマ線二個だけであることや、$K_L \to \pi^0 \pi^0$の崩壊でできる四個のガンマのうち、二個を見失ってしまうと目的の崩壊と見誤ってしまうことなどの難しさがある。現在、日本のKEK[10]、アメリカのBNL[11]、FNAL[12]などの研究所で、この実験を行う準備が進められている。それぞれ独特の考えと工夫があり、二〇〇五年頃から実験が始まる予定である。

こうして、B中間子で得られた結果とK中間子で得られた結果が一致すれば、CPの破れの起源がはっきりするし、それらが異なれば、小林・益川の理論以外の理由でCPが破れていることになる。

CPの対称性を破るあまんじゃく探しは、こうしてだんだんと大詰めに入ってきたが、最後の土壇場でするりと逃げられる可能性もあり、なかなかまだ予断を許さない。したがって、このあまんじゃくの物語は、まだまだこれからといったところである。

(10) 高エネルギー加速器研究機構(茨城県つくば市)
(11) Brookhaven National Laboratory(ニューヨーク州ロングアイランド)
(12) Fermi National Accelerator Laboratory(イリノイ州シカゴの西)

第三章　超弦理論による世界像

現代の物理学では、自然界の物質はクォークやレプトンと呼ばれる点状の素粒子からなると考えられている。その間には、電磁気力、弱い力、強い力と重力の四種の力が働いている。この章では、これらの四種の力の統一理論の有力な候補である超弦理論についてお話ししよう。

一　超弦理論の登場

古典的な電磁気学で、点状の電荷を考えよう。この電荷のつくるクーロン力 $k(e^2/r^2)$ によって電荷自身が得るエネルギーを考える。点電荷による力はそれと同じ点 $r=0$ にいる点電荷自身にとっては無限大になっており、したがってそのエネルギーも無限大になる。[1] これは自分のつくり出した電場によって自分自身が得るエネルギーなので自己エネルギーと呼ぶが、量子力学を取り入れてもやはりこのような無限の自己エネルギーが出てしまう。相対性理論によればこのような無限大のエネルギーは質量と同等なので、その無限大のエネル

(1) 通常、古典電磁気学では無限大をどのように取り扱ってよいかわからないので、このような自分自身のつくり出した電場との相互作用は無視している。しかし量子論ではこれを無視してはいけないことが、理論的にも実験的にも確立している。

ギーをもともとその粒子がもっていた質量に加えた量が物理的に観測される質量であると考えることにより、電磁気学や強い相互作用などでは、無限大のエネルギーをなくし、電荷の間に働く力を計算することができる。これを「くりこみ」といい、朝永、シュウィンガー、ファインマンらによって考案された解決法である。ところが重力理論では、自己エネルギーだけでなくいろいろなところに同じような無限大の量が現れ、この繰り込みによって処理できないのである。

ここでよく考えてみると、このような無限大は粒子が点であるために生じている。点状の電荷であれば、自分自身のつくった電場のまさに同じ中心点に自分自身がいることになるが、もしわれわれが粒子と考えているのが紐あるいは弦のようなものであれば、同じ点にいることにはならず無限大のエネルギーになることはないであろう。しかもその長さが非常に小さいものだとしたら、われわれから見るとやはり点粒子のように見え、今までの考えや実験と矛盾することはないと考えられる。ここ三十年ほどの間に弦の理論が研究されて、この直感は正しいことがわかったのである。

この研究において、多くの重要な発見があった。弦の運動によってつくられる軌跡は、空間に時間軸も付け加えた*D*次元空間のなかに平面をつくる。それを世界面(2)と呼ぶ。逆に弦の運動はこの世界面を指定することによって規定さ

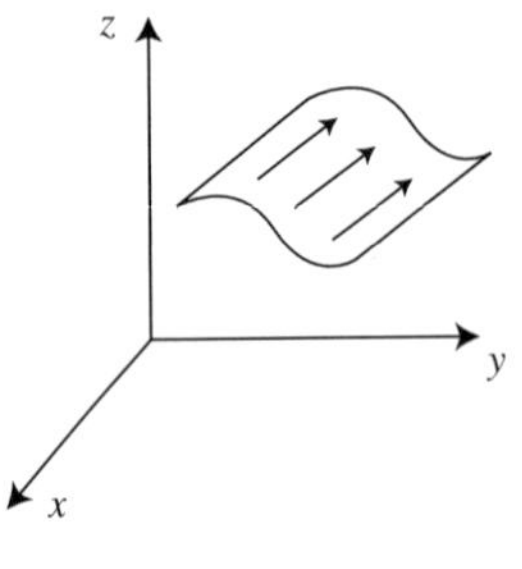

(2) 開いた弦のつくる世界面。

れると考えることもできる。このようにしたとき、弦がぶるぶるとふるえる振動の状態がエネルギーをもっており、弦から生じる物質であると考えられる。その振動や弦の運動を記述するのに世界面上の座標を使って、世界面の上にどのような振動モードがあるかを見れば弦理論に含まれる物質が何であるかがわかる。このようにして理論から得られる物質の種類は、そのとき使う座標をどうとるかによらないはずである。これを一般に不変性という。ところがこのような不変性（対称性）をもつ系を量子力学的に扱うと、すべての不変性を保てるとはかぎらない。このように量子力学によって不変性が破れる現象を、量子異常という。弦の理論を量子化してみると、この量子異常のために弦の住んでいる空間の次元 D が特別な場合しか、相対性理論の要求と理論に矛盾がないようにできないことがわかった。これを弦理論の臨界次元という。また、自然界にはボース・アインシュタイン統計に従う粒子（これをボソンという）だけではなく、フェルミ・ディラック統計に従う粒子（フェルミオン）も存在する。[3] これらを記述するには、ボソンやフェルミオンが数珠つなぎになったような弦を考える必要がある。ボソン弦だけの理論の臨界次元は二六であり、フェルミオンも入るとそれが一〇になることが知られている。この世の中の物質は主にフェルミオンでできているので、現実的な理論はこのフェルミオンを含む理論から得られるはずである。

（3）フェルミオンは同一の一粒子状態に一個の粒子しか占めることができない。これに対し、ボソンは同一の一粒子状態に複数個の粒子が占めることができる。フェルミオンとボソンがしたがう統計を、それぞれ、フェルミ・ディラック統計とボース・アインシュタイン統計という。

また弦としては、開いた弦と閉じた弦を考えることができるが、それらがぶるぶるとふるえるエネルギーが弦理論の中に含まれるいろいろな状態の質量を与える。調べてみると、開いた弦の場合には理論の中に必ずスピンが1で質量が0の状態が現れ、ゲージ粒子[4]と同じにふるまう。このことは弦理論がゲージ粒子の理論を含んでいることを意味しており、ちょうど相対性理論の光速が無限大の極限がニュートン力学と考えられるように、ゲージ粒子の理論で記述されると考えられている現在の素粒子の理論が、実は基本的なレベルでは弦理論であるが、現実にはその長さが小さくて見えないだけである可能性があることを示唆している。一方、閉じた弦の場合にはスピン2の粒子が現れ、重力理論の重力子（グラヴィトン）と同じにふるまうことがわかった。このとき、相互作用する弦理論では開いた弦の理論だけを考えることはできず、必ず閉じた弦も考えなければならないことになる。というのは、弦の相互作用により開いた弦がくっつくために必ず閉じた弦が生成されてしまうからである。これから弦理論は、通常の理論と違って重力子を含む重力の理論を必然的に含むことになる。これは弦理論のたいへんに面白い点である。以上の事実は、弦理論がすべての相互作用を統一的に記述できる可能性を与えている。

その後の研究により、フェルミオンを含む理論は臨界次元だけではなく、いろいろな理論の無矛盾性の要請をみたさなければならないことがわかった。ま

（4）力を媒介するスピン1の粒子。電磁気力は光子、弱い力はWやZボソン、強い力はグルーオンと呼ばれる粒子の交換により、力は発生する。これらの粒子の相互作用は、ゲージ対称性から一意的に決定される。

ず第一に、フェルミオンとボソンを入れ替える対称性をもたないと、矛盾のない理論ができない。この対称性を超対称性と呼び、これらの理論を超弦理論と総称する。第二に重力の一般座標変換不変性に関連した量子異常を含まないためには、非常に限られた理論しか許されないことがわかった。さまざまな解析の結果、臨界次元一〇で矛盾のない超弦理論は表1に与えた五つであることが知られている。

　このようにして生まれた超弦理論は、量子力学的に意味のある重力理論を与えるだけでなく、すべての相互作用を統一的に与える理論であると考えられている。実際、表1に示したように、いくつかの理論は、われわれの世界を記述するのに十分大きなゲージ対称性をもっている。一方で、理論が重力を含んでいるために、弦の質量0でない状態はすべて重力の質量スケールであるプランク質量（$M_P = \sqrt{\hbar c/G}$、Gはニュートン重力定数、$\hbar$はプランク定数を2πで割ったもの、cは光速で、$M_P c^2 \sim 10^{19}$ GeV）のエネルギーをもち、われわれの観測にかかる大きさではない。(5) したがって、われわれが素粒子とよんでいるクォークやレプトンなどは、弦のスペクトルとしては質量0として現れなければならない。現実にこれらの粒子が質量をもつのは、さらに質量スケールの小さい別の機構で理解されるべきものと考えられる。

表1　10次元時空で矛盾のない超弦.
超対称性は10次元での数

模　型	弦の種類	ゲージ対称性	超対称性
I型超弦	開弦⊕閉弦	$SO(32)$	$N=1$
IIA型超弦	閉　弦	無　し	$N=2$
IIB型超弦	閉　弦	無　し	$N=2$
ヘテロ型超弦	閉　弦	$SO(32)$	$N=1$
ヘテロ型超弦	閉　弦	$E_8 \times E_8$	$N=1$

（5）ちなみに電子の質量は10^{-3} GeV程度である。

二　超弦理論による究極的な相互作用の理論

すでに述べたように、超弦理論は一〇次元でなければ存在しない。しかし、われわれの住んでいる時空はもちろん四次元であるから、こんな理論をまともに考えていいのかという疑問が生じる。だが一般に重力を含む理論では、時空の構造は最初から与えられるものではなく、運動方程式の解として与えられるものである。最初は一〇次元の時空から出発しても、重力の効果のために六次元はまるくなって小さな球のようになり、実質的に四次元の理論になる可能性があるわけである。これをコンパクト化という(6)。

このようなコンパクト化した方向の大きさが、ホースの例の針金の太さのようにわれわれに観測できないくらい小さな大きさ、プランク長さ $l_P(=\hbar/M_Pc)\sim10^{-33}$cm程度であるとすれば、われわれが住んでいる四次元の世界との矛盾はない。量子力学の不確定性関係(7)により、このような領域に閉じ込められた粒子ないし弦はプランク質量程度の大きさの質量をもち、通常の観測にはかからない。そこに閉じ込められていない粒子だけが観測されることになるが、これらの粒子は四次元以外の次元の方向にはみだすことはないので、時空があたかも四次元であるかのように見える。その結果、われわれの日常体験と矛盾することはなくなる。もちろんプランクスケールくらいのエネルギーの実験をすれ

(6) たとえば、水道のホースを考えるとよい。ホースがとても太ければ、ホースの上の面は平坦な面と変わらず、丸い方向のずっと先の方にいかなければ曲がっていることがわからないであろう。逆にホースが細くて針金のようだと、その上に住んでいる生物は自分がホースの上の面ではなく、一次元的な線の上に住んでいると感じるであろう。

(7) ミクロな世界では、物質は粒子であると同時に波の性質をもつ。物質のもつ波動性のため、物質の位置と運動量は、同時に正確に決定することはできない。もっとも効率的に位置と運動量を測ったとしても、$\Delta x\cdot\Delta p_x>\hbar/2$となる。こ

ば、余分の次元に粒子がはみだすようになり、理論が大きな変更を受けることになる。

　このようにわれわれの日常に現れてくる低いエネルギーで見ている限りは、素粒子が弦であるのか、あるいは点状の粒子であるのかはわからない。われわれが今知っている実験事実からは、超弦理論を否定する事実もないけれども、支持する事実もあまりないともいえる。それなのに、なぜ統一理論として有力な候補として考えられているかというと、主として以下のような理論的理由による。

[i]アインシュタインの一般相対論には、量子論として扱うと処理できない無限大の量が現れるが、超弦理論にはそれがない。超弦理論は重力の量子論として意味をなす、現在唯一の理論である

[ii]超弦理論にはゲージ対称性に量子異常がない。これは理論に強い制約を与え、実際すでに述べたようにこのために許される理論が強く制限されて、五つしか残らない

[iii]超弦理論にはパラメーターが、弦の張力と、弦の相互作用定数の二つだけしかないという強い制限があり、パラメーターをもちいて適当に実験事実とあうように理論を変更する余地はない。このように不定性のない理論により自然界の現象が説明できるとすれば、理論的にたいへん満足がいく

こで、ΔxとΔp_xは位置と運動量の不定性（測定の平均値からのずれ）を表している。古典論には$\hbar\to 0$の極限が対応し、この極限では、位置も運動量も同時に正確に決定できる（$\Delta x\to 0, \Delta p_x\to 0$）。

し、実際その可能性がある

弦理論の検証が難しいということを述べたが、重力の量子論の理解という点に関しては、一九九六年頃から大きな進展があった。一九七〇年代に、ブラックホールに関して熱力学との類推が可能なことが指摘され、ホーキングによってブラックホールが熱輻射をすることが指摘された。(8) この結果、ブラックホールはその事象の地平線の面積に比例したエントロピーをもち、ホーキング輻射によりエネルギーを放出して、最後には蒸発すると考えられている。しかし、これは量子力学の原理と相反することが指摘されてきた。現代の物理学では、エントロピーは物質の自由度を表すものと考えられているが、一般相対論ではブラックホールはその質量、電荷、角運動量を与えると一意的に決まってしまうので、エントロピーは0になると期待される。(9) また、ブラックホールが熱輻射で蒸発するとすれば、最初の状態がどういう物質でできていたかという量子力学的情報が最終状態では失われてしまい、そのような情報を失うはずのない量子力学と矛盾すると考えられる。ホーキングはこれをもって、量子力学は量子重力の効果のため破綻すると考えたが、これは現在も続く大きな論争を巻き起こした。

超弦理論は、最近これらの問題に答えることができた。超弦理論には、ブレ

(8) ブラックホールの熱輻射。

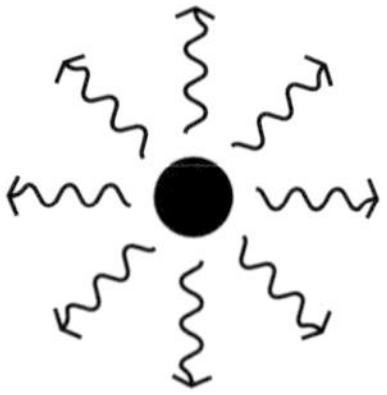

(9) 第七章参照。

インと呼ばれる板のように拡がった状態が存在することが発見され、それは見方を変えるとブラックホールの事象の地平線とみなすことができる。この面には、超弦がさまざまな形でくっつくことができる。[10] それらが与える状態の数を数えてみると、まさにブラックホールのエントロピーを再現する結果が得られたのである。また、まだ完全な決着はついていないが、超弦によりブラックホール蒸発の過程を考察すると、量子力学の予言するとおりの蒸発が起こることで矛盾はなさそうである。これらの問題は一般相対論だけでは解決することのできなかったもので、真の量子論的な重力理論が答えなければならない第一の試金石であるが、超弦理論はみごとにそれを克服したといえる。

また、一般相対論でブラックホールなどの解を求めると、必ずどこかに物理量に無限大のような意味のない量を与えてしまう特異性をもった点があるということが知られている（特異点定理と呼ばれている）。現在の標準的な宇宙のビッグバン模型でも宇宙初期にこのような特異点があり、それがあると理論が予言性を失うので、これはたいへん重大な問題である。ところが、超弦理論では超弦が長さをもつためにやはりこのような特異点がないようになっていることが期待される。実際いくつかの解の解析ではそうなっていることが確かめられており、超弦理論はここでもやはり量子論的な重力理論として望ましい性質をもっていることもわかった。

(10) ブレインと開いた弦。

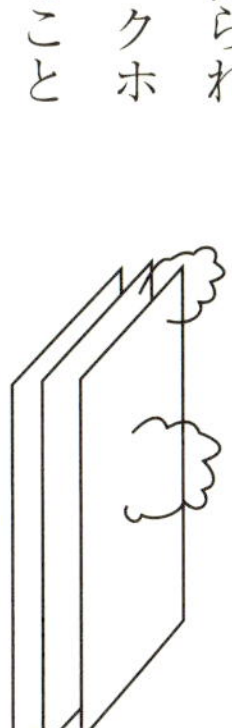

しかし、超弦理論にはまだまだ解決されねばならないことが残されている。すでに述べたように、一〇次元で矛盾のない超弦理論は五つある。可能な理論が五つにしぼられたという意味ではたいへん強い制約になっているわけであるが、これらは互いに関係のない理論であると考えられていた。しかし五つの理論がまったく関係のない理論として定義されていては、これらのうちのどの理論が選ばれるかについて、どれかの理論を出発点として考えるわけにはいかない。そのため、実際にこれらのうちどの理論がわれわれの現実世界を記述するのかについては、まったく見当がつかなかった。ところが一九九五年頃から、弦理論の相互作用が強い場合の研究に大きな進展があった。それによると、実はこれらの五つの理論はすべてつながっており、その統一的な記述を与える理論は一一次元の理論であることが明らかになってきた。超弦理論は一〇次元の理論なのになぜ一一次元かというと、一〇次元に見えたのは単に一一番目の次元の大きさが小さいと考え、その半径が0ということを第一近似として考えていたせいであることがわかったのである。

この一一次元の統一理論をM理論という。これはいわば統一理論の統一理論ともいえるが、このように五つの理論が含まれている理論があれば、その枠組みのなかでどのような理論に落ち着くかを調べることができる。現在、このようなやり方で理論のくわしい解析をさらに行い、M理論の基底状態についても明らかにする努力がなされている。その基底状態こそがわれわれの世界を記述している超弦理論を与えるはずであり、またM理論ではどのようなコンパクト化が起こるのか調べることができるというところまで、現在の超弦理論は進展してきていると考えられる。超弦理論には勝手なパラメーターはないので、この最後のコンパクト化の過程で、現在別々に考えられている相互作用を統一した、クォークやレプトンの質量も予言できるような理論体系ができるというのが、究極的な夢である。このコンパクト化は多様なやり方で可能であり、それがわれわれの多様な世界を生み出すものと考えられる。超弦理論はこの意味で、簡単でありながら複雑な、究極的な理論を与えてくれると期待されている。

第四章　蛍石検出器によるダークマターの探索

宇宙のダークマターの問題は宇宙論だけでなく、素粒子物理学と原子核物理学にまたがる幅広く、基本的な問題である。まずダークマターがなぜ必要かを説明し、次にそれが未知素粒子と考えられている理由を示し、最後に大阪大学理学部で行っている実験を紹介する。

一　ダークマターとは

何らかのかたちでの宇宙の質量のほとんどが、ダークマター（暗黒物質）で占められていることはほぼ間違いがないようである。これにはいくつかの観測事実が基礎になっている。銀河のなかの星の回転速度[1]が、中心からの距離の関数でどうなっているかを見ると、ほとんどの銀河で、ある程度以上中心から遠くなると回転速度が一定に見える。不思議なことである。太陽系の惑星の回転速度[2]を見ればわるように、太陽の重力の影響の小さい遠くの惑星は、それとつり合う遠心力も小さいので、速度が遅い。銀河は光る物質（星）を見る限り中

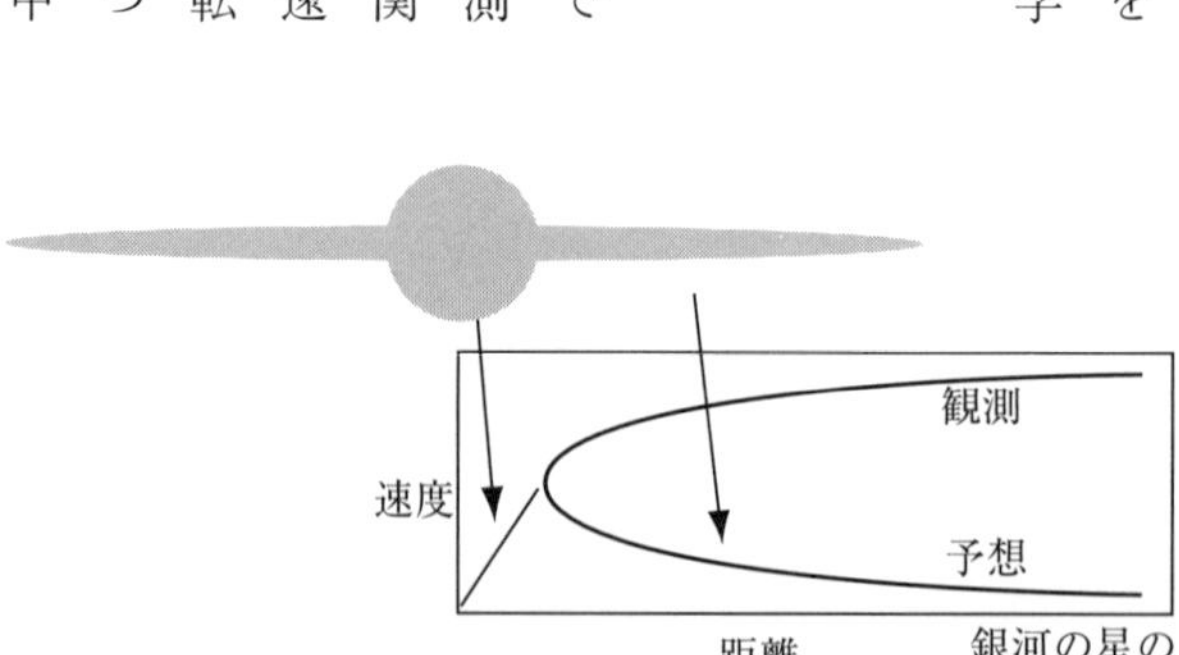

銀河の星の距離と速度

（1）銀河のなかの星の回転速度と中心からの距離の関係。星が集中している中心では回転速度は距離と共に増えるが、星が少なくなるあたりからは減り始めるはずなのに（予想値）実際の観測値は増え続ける。

心にその質量がほとんど集まっているので、回転速度の観測値は光らない質量があることを示している。こういった関係は銀河に限らず、宇宙のより大きな構造にも観測されている。つまり、何らかの光らない物質はあまねく存在していることになる。

　しかし、これらがどういう物質なのかまだ確定的なことはわかっていない。燃え尽きた星、ガスが集まって星にはなっているが光るほど大きくない星、さらにはブラックホールといった光らない星の可能性がまず考えられる。実際、このような天体（MACHO〈マッチョ〉[3]と呼ばれている）を探そうという実験が進行している。これはある星を眺め続け、たまたまその前や側をMACHOが通ると重力レンズ[4]の効果で星の明るさが変化するという現象を探す、非常に気の長い実験である。しかし、その正体がはっきりするにはまだ時間を必要とするようであるが、かりにMACHOの存在が確認されても、ダークマターのすべてをバリオン[5]であるとすると、ビッグバン宇宙論が予言する宇宙の元素存在比は観測と矛盾する。宇宙がビッグバンから進化してきたことは（i）宇宙の膨張（すべての銀河がお互いに遠ざかっている）と（ii）宇宙の二・七Kの背景輻射（宇宙の温度が二・七Kであることを示す光で満たされている）の確固たる証拠がある。そこで現状では宇宙を満たしているダークマターはわれわれがまだ知らない未知素粒子である可能性がもっとも高いといえる。

（2）太陽系の惑星の回転速度と太陽からの距離の関係。遠くなるにつれ減少していく様子は、観測とニュートン方程式の予測が完全に一致している。

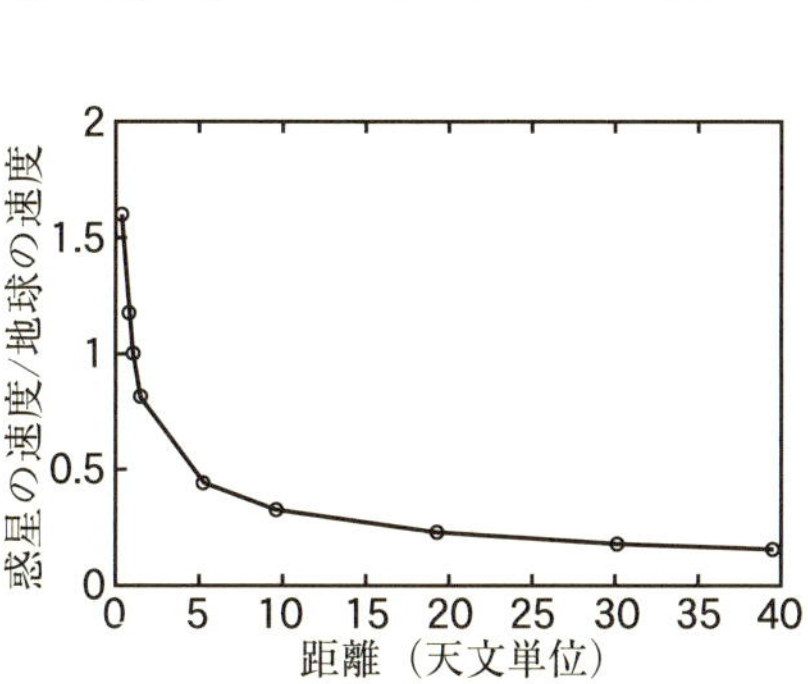

太陽系の惑星の距離と速度

さて、そのような素粒子はあるのであろうか。実は非常に有力な候補者がいる。それは超対称性対と呼ばれる粒子群である。現代物理学で知られている相互作用は重力、電磁力、弱い力、強い力の四つである。粒子には物質を代表するフェルミ粒子（フェルミオン）と力を媒介するボーズ粒子（ボソン）の二種類あることがわっている。たとえば水素原子ではフェルミオンの電子と陽子がボソンの光子（光）をやり取りしてクーロン力で引きあっている。電磁気現象をひき起こす電磁相互作用と粒子の種類を変える弱い相互作用は電弱相互作用として統一され、一九八〇年代に弱い力を媒介するWとZのボソンが実験的に確認されて標準理論として完成した。さらに強い相互作用を統一する大統一理論が研究され、多くの模型が提案された。そのなかで超対称性をもつ大統一理論が有望視されている。超対称性とはフェルミオンとボソンの入れ替えに関する対称性で、超対称理論では、物質を構成するフェルミオンにはボソンが、また力を媒介するボソンにはフェルミオンが対となって現れる理論である。[6] この理論はどんなに小さな領域で起こる現象でも矛盾なく予言する能力がある。また三つの相互作用の力が非常に高いエネルギー（温度）で同じ値になるという統一理論として魅力的な特徴をもつ。理論の最大で唯一ともいえる問題点は、現実にはどこにも対となって現れる超対称性対粒子が存在しないことである。今までの高エネルギーの実験で見つからなかったのである。だからその粒子は

（3）MACHOはMAssive Compact Halo Objectsの略で、木星のように大きいが自分では光ることができない星のことをさす。

（4）アインシュタインの一般相対論によると、重力は空間自体を曲げるので、そのあたりを通る光も曲げられる。ある遠くの星を観測していて、たまたまその星と地球の間に光らないために見えない星が通ったとき、重力のレンズで光が集められ、観測している星が急に明るくなる現象がひき起こされる。

（5）原子核は陽子や中性子といった核子で構成されている。また、核子にはハイペロンといった仲間がいることも知られている。これらの粒子を総称してバリオンと呼んでいる。われわれの周りにある物質の質量のほとんどを担う粒子の総称と考えてよいであろう。

（6）第一部脚注7参照。

非常に重い（エネルギーが高い）はずである。もしこの粒子が宇宙のダークマターであるとするならば宇宙論、素粒子物理、原子核物理にまたがる問題が一挙に解決する。とくに、電気的に中性の粒子であれば今まで見つかっていないことと矛盾しないので、中性の粒子を意味するニュートラリーノと呼ばれる粒子が探索の対象となる。

現在の宇宙には、大規模構造[7]が存在することが知られている。大規模構造を形成するには質量の揺らぎを重力で増幅させることができるニュートラリーノのような重い粒子（ゆっくり漂っているのでコールドダークマターと呼ばれる）が必要とされる。また、ビッグバンからの温度の変化をたどると、質量が陽子の数十から数百倍のときちょうど宇宙を平坦にする程度の存在量（臨界質量）が予言されるのも偶然とは思えない。そこでコールドダークマターの実験的な探索が近年世界的に進められている。

ダークマターは、われわれの銀河のなかを漂っており、その平均速度は地球の辺りで光速の〇・一％程度である。ダークマターはその名のとおり見えない（通常の物質との相互作用が弱い）が、非常にまれに通常の物質（原子核）と散乱し、原子核に反跳エネルギーを与える。この反跳をとらえることがダークマター検出のほぼ唯一の信号である。つまり何もないところで突如原子核が反跳を受けるという信号を探すのである。反跳エネルギーは[8]数〜数一〇ＫeVの程度

（7）星が集まって銀河を構成している。さらに、銀河と銀河が集まり銀河団が構成されてる。最近になって、それらが集まって超銀河団と呼ばれる構造が存在していることも明らかになってきた。これらを宇宙の大規模構造と呼ぶ。

（8）エネルギーの単位で電荷eの電子が一Ｖの電圧で加速されたとき獲得するエネルギーが一eVである。一kVはそれの一〇〇〇倍、一MeVはそれの一〇〇万倍である。

であり、さらにkg程度の物質を用意しても反応率は一日に数回といった量なので非常に低バックグランドの検出器で低エネルギー領域を観測しなければならない。われわれの周りには宇宙線や物質に含まれる放射性同位元素からの放射線が飛び回っており、そのエネルギーは数MeVとダークマターの信号より二～三桁大きい。また一kg程度の物質では一秒間に数一〇以上放射線を感じており、ダークマターの信号はこれより五～七桁少ない。こういった膨大なバックグランドから信号を選び出さなければならない。

二　蛍石検出器

大阪大学理学部では蛍石（CaF_2）シンチレーター中のフッ素原子核（^{19}F）との散乱を利用してダークマターの探索を行っている。ダークマターによって反跳されたフッ素原子核はエネルギーをもらい、CaF_2（Eu）結晶はそれに比例したシンチレーションという蛍光の一種を発生させる。それを測定して検出する。実験に使っているCaF_2（Eu）は高純度のCaF_2結晶にユーロピウム元素（Eu）を入れたもので、淡い紫色である。また、混ぜものが含まれない非常に高純度の結晶も使っているが、こちらは宝石とは違いまったくの無色透明である。

（9）エネルギーの高い光をとくにγ線と呼んでいる。α線とはヘリウム原子核、β線とは電子のことである。

今までの測定で順次感度が向上しており、原子核との相互作用が大きいタイプのダークマターの存在はほぼ否定されている。ここで注目しているニュートラリーノのような粒子は、原子核のスピン（自転）とだけ非常に弱く結合するので、これまでの探索では手が届かなかった。^{19}Fはスピンをもちスピン結合するダークマターとの散乱断面積（確率）が大きく、また大量に用意できるので探索に最良の物質である。

われわれが取り組んでいるシンチレーターを用いる方法は、まれな現象を捕らえるための検出器の大型化とバックグランドの除去が容易であるという特徴がある。ほかの方法としては、物質がダークマターと相互作用して得たエネルギーを極低温にした物質の温度の上昇として測定するボロメーターがあり、低エネルギーの測定にすぐれている。この二つの方法が世界の主流である。

バックグランドは宇宙線に代表される外部からの放射線（γ線[9]や中性子など）と検出器内部に含まれる放射性同位元素が発する放射線（α線[9]、β線[9]、γ線）がある。これらをいかに低減できるかが検出器設計のポイントとなる。

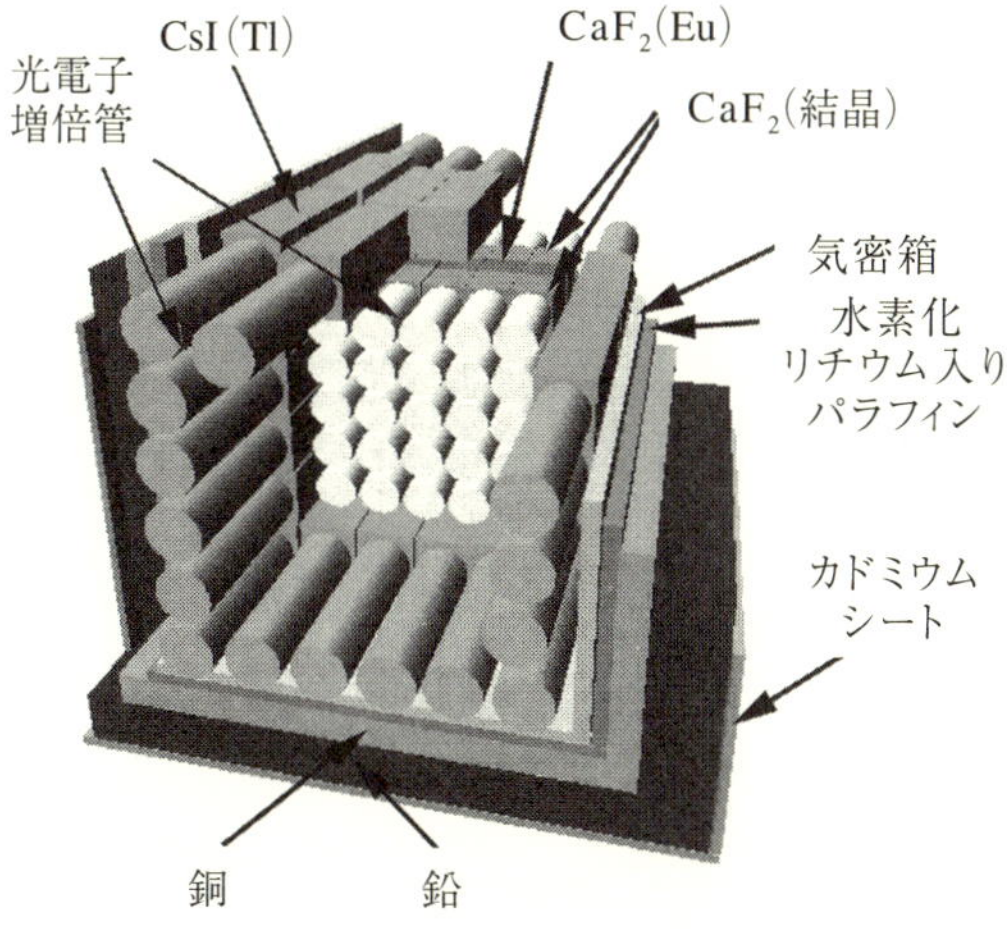

図1
CaF_2検出器システム
（エレガントVI）の概観図

中央の45mm立方のCaF_2（Eu）検出器にCaF_2（pure）のライトガイドがついている．周りを長さ25cmのCaI（Tl）が囲んでいる．色は見やすくするためについている．これらを囲むシールドについては本文参照．

われわれが開発したエレガントVIと呼ばれている検出器の中心部を図1に示す。CaF_2結晶の周りをCsI（Tl）検出器の動的遮へい（Active shield）[10]が囲んでいる。動的遮へいとは聞きなれない言葉だが、鉛などの物質を置いて放射線を遮へいするだけではなく、遮へい体を検出器にして中心の検出器に信号が来たとき周りにも信号がくるバックグランドを区別しようとするものである。検出器全体は気密箱に入れられ、窒素ガスで大気中の放射性のラドンガスを置換している。ラドンガスは放射性であり、われわれのように非常にまれな現象を探すときは非常に注意を必要とする。気密箱の周りにはパラフィンで固めた水素化リチウム層（一・五cm）の中性子の遮へい（シールド）があり、外側を銅（五cm）と鉛（一〇cm）のγ線シールドが囲っている。これらの材質は放射性物質を含まないものが選定されている。一番外側はカドミウムのシート（〇・五mm）とホウ酸入りの水槽（二〇cm）で中性子がシールドされている。リチウム、カドミウム、ホウ素は中性子を吸収する原子核反応率が高い。詳細は省くがデザインにはバックグランドを今まで以上に減少させるため、ダークマター以外をできるだけ排除できるように空間的にも時間的にも中心の検出器だけから来たものであることを示す情報を得るための工夫が随所に凝らされている。

（10）測定で問題になるバックグランドの放射線が外からやってくる。それを物質をおいて遮へいする。このとき、遮へいする物質を検出器にすると、十分遮へいしきれなかった放射線も除くことができる。

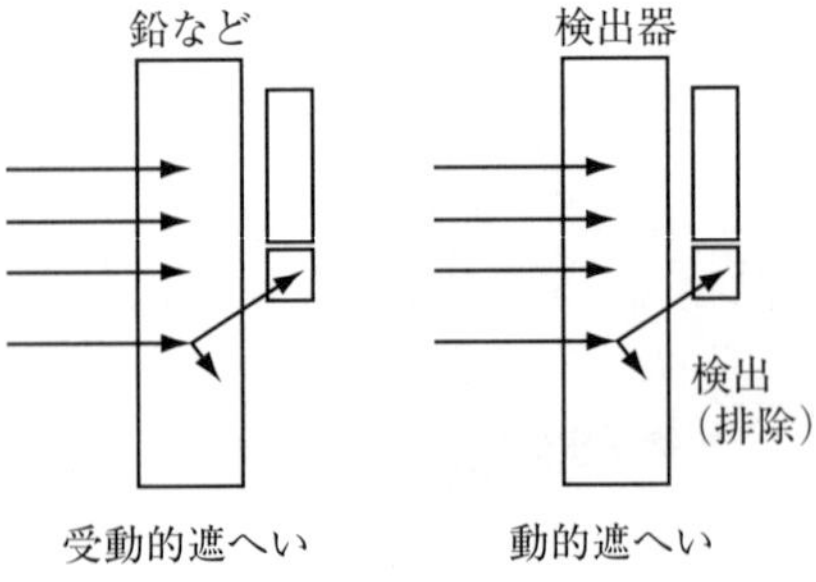

（11）^{19}F原子核に中性子nがぶつかり、中性子n'が飛び出していく反応を表す式。出ていく中性子にn'とプライムがついているのは散乱でエネルギーを失っていることを示し、^{19}F原子核は反跳されている。

三　核反跳に対する応答

シンチレーターのなかで原子核がダークマターによって反跳されて動くとき、エネルギーと発光量の関係を知らなければならない。このエネルギーと発光量の比例係数（f値）を測定するために中性子で ^{19}F(n, n') 反応[11]を起こさせ、シンチレーター中で突如 ^{19}F がダークマターによって散乱されるような現象をシミュレートした。電荷をもたない中性子と ^{19}F 核の散乱は中性子が何も相互作用せずに出ていく時ダークマターによる散乱と見かけは同じになる。中性子との散乱が行なわれたことを中性子検出器で確認しながらちょうどそのとき同時計測した CaF_2 シンチレーターの信号を測定し、^{19}F 核の反跳エネルギーと信号の関係を決定した。シンチレーターの発光量は、反跳原子核に対しては同じエネルギーの電子の〇・一～〇・三程度であることが判明した。これまでにBPRS（Beijin–Paris–Rome–Saclay）国際共同研究グループ、およびイギリスのグループが測定を行っている。これらの二グループの測定はとくにダークマターの探索で重要となる低エネルギー領域で相互に矛盾していた。われわれは二グループよりさらに低いエネルギ

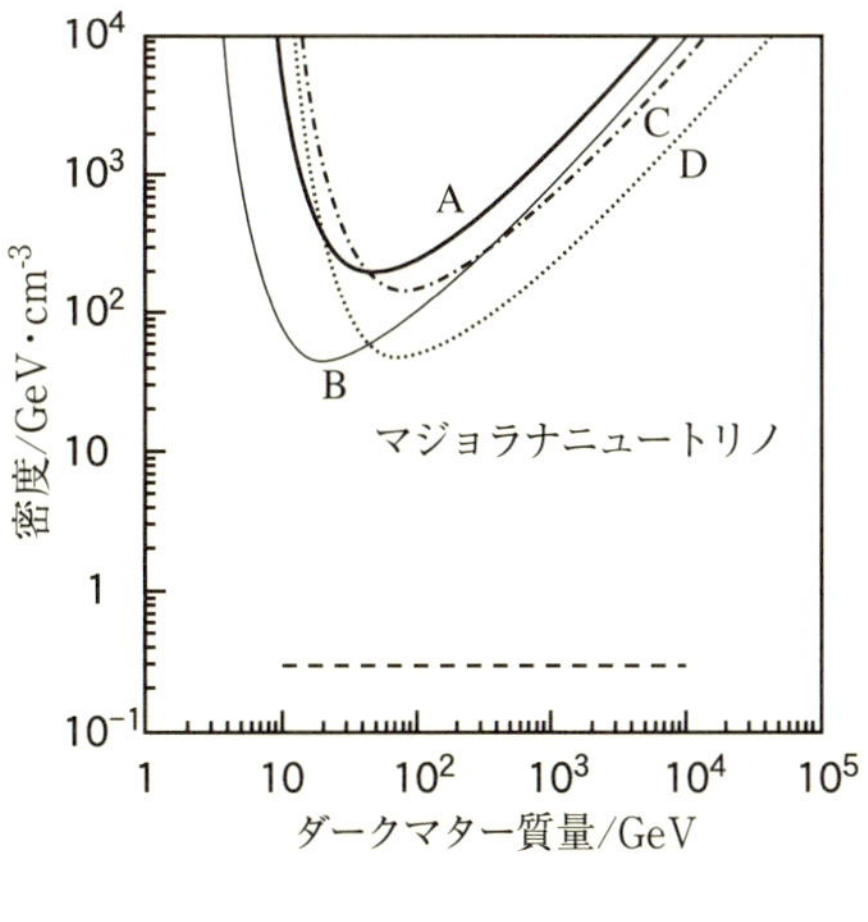

図2
ダークマターの存在に対する上限値

縦軸は断面積で表されている．Aはわれわれが5年前に得た値，Bは昨年得られた値，CとBPRSグループの値，Dがグラサッソでの最新の値．数年単位で着実に進歩している．点線はマヨラナニュートリノがダークマターである場合に必要な感度．ニュートラリーノの場合は予言値に幅があるのでほぼ同程度の値で不定性のないマヨラナニュートリノで表した．

ーまで測定しf値が他のグループの値より大きいことを確認した。これにより今までより感度の高い測定が可能となった。ほかのグループと異なるf値が得られた理由は明確ではないがCaF_2結晶中のEuの量に依存すると考えられる。

四　ダークマターの上限値

われわれの検出器の性能を調べるために阪大理学部の実験室（地上）で条件を変えながら数カ月測定を行った。得られた結果からダークマターの存在の上限値を求めると図2のようになった。これは海外のバックグラウンドのもっと最も少ないと考えられているグランサッソ（イタリア）の地下実験室で行なわれた実験とそん色ない結果で、彼らにとっても驚きだったようである。地下での実験は地上と比較すると一般的にバックグラウンドが二桁程度減少することが経験的に知られており、地上で現在の地下実験の限界近くまで到達できたことの意味は大きい。図でも明らかなように、現在の地下実験の感度は目的とする粒子の探索には、まだ二桁以上足りない。これを克服するために研究を始めたとき、地上で地下実験の限界近くまでバックグラウンドを低減させるという目標をたてたが、それは達成できたといえる。現在検出器系は奈良県大塔村の地下実験室（大阪大学核物理研究センターの大塔コスモ観測所）に移されており、測定を始めている。

五　おわりに

本研究において、われわれは地上の実験で海外の地下実験に伍していけるようになった。今後の地下の測定で相当の改善が期待できるうえに、バックグラウンドを下げる努力も続ける予定である。しかし、ダークマターの候補者としてのニュートラリーノの探索にはまだ感度が足りない。そこで季節変化の測定を行うよう準備を進めている。地球が太陽の周りを一年周期で運動することで、ダークマターの速度が季節的に変化する。これに伴い信号の一〇％程度の季節変化が予想される。これまではバックグラウンドを信号と考え上限値を与えてきたが、この方法ではダークマターがいくら以下とはいえてもいくら以上とはいえない。季節変化は大量の検出器で長時間測定することで（統計を上げるという）バックグラウンドの限界を越えて測定が可能である。そのためには検出器となる大量の物質を用意しなければならない。また測定系すべての安定性や不感時間を高精度で決定する必要がある。今後も多くの作業が残されているが、現在一歩ずつ進めている。ただし競争の激しい分野でもある。つい最近もグランサッソでＤＡＭＡのグループがダークマターの信号を発見したというニュースがあった。しかしその後、ほかのグループから支持する結果は出ていないのに加えて、理論的な予想とも矛盾している。微妙な量を測定しているのでいくつかのグループから矛盾のない結果が出る必要があるだろう。

非常に高エネルギーの加速器を使ってようやく到達できる領域の基礎的な物理がダークマターの探索という形で加速器を使わない低雑音の検出器で研究できることは非常におもしろい。さらには、もはや加速器では到達できない領域も今まで誰も調べたことのないほどまれに起こる現象を調べることで探索できる。高エネルギー物理学にとって、より高いエネルギーが常に研究のフロンティアであることは変わらないが、加速器を使わない物理は高エネルギーにいくことが簡単でなくなってきた現代において、別の研究の方法を示唆しているように見える。

第二部　原子核を見る

原子核は陽子と中性子から成り立っているが、原子核内で、これらがどのように分布しているのであろうか。また陽子と中性子はクォークからできているが、原子核のなかでクォークの痕跡を見ることができるだろうか。第二部では、このような話題について解説をする。

第五章　原子核の世界

原子核は強い相互作用をするハドロンの束縛状態で、この系が基底状態から高エネルギーの状態に移るに従い、この系を記述する粒子も陽子、中性子、さらに中間子、ハドロン励起状態、そして基本粒子であるクォークと姿を変えていき、それに対応する有効相互作用も変化していく。このように多様な姿を見せるのが原子核の世界である。ここでは、最近の原子核の広いエネルギー領域にわたる研究の中からいくつかの話題を取り上げることにする。

一　原子核の回転、超変形、極変形

中性子と陽子で構成されいる原子核の形状はもっとも安定で自然な球形であろうことは直感的に理解できる。また、原子核内での核子の密度はどの原子核でも一定であるとみなされており、核子数さえ与えられればその原子核の半径は簡単に与えることができることになる。ところがこういった事柄もすべての原子核については成り立たないことがわかってきた。ここではそれらについて例をあげてみよう。

原子核の形（球形）からのずれを表す量であるQモーメント[1]と呼ばれている量は多くの原子核ではゼロに近く、原子核のかたちが球形ないしそれに近いことを表している。ところが研究が進むにつれこのQモーメントの値がゼロより大きくずれている原子核が見つかってきた。しかもそういう原子核に限って基底状態近くに角運動量の二乗に比例するエネルギーの励起状態が必ず存在する。この励起エネルギーのかたちは力学でいう慣性能率[2]をもった剛体の回転エ

（1）電気的四重極モーメント。

（2）その物体の回転に対する抵抗の大きさを示す量。回転軸とその物体の間の距離の二乗と、物体の質量の積で与えられる。

（3）z軸に垂直な断面は円である。

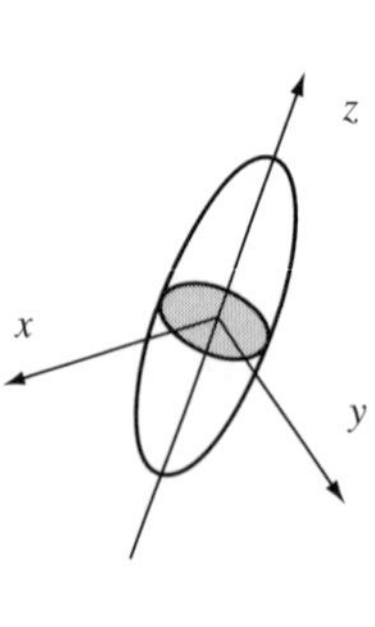

ネルギーとまったく一致している。そこで思い切ってこれらの原子核は丸くない、変形していると考えてみるとつじつまが合うことがわかってきた。その形状は回転楕円体(3)（ラグビーのボール型）であると考えて矛盾なく、先に挙げた励起状態はこのように変形した原子核（変形核と呼ばれる）が回転している状態であると解釈できる。ただ、この回転状態は普通の剛体の回転運動とは違った様相を示すこともある。たとえば慣性能率の値は角運動量が大きくないところではほとんど一定であるが、角運動量が一〇ないしは二〇程度のところで突如二倍程度に増加するという特異な現象が見られるのもその一つである。この現象は「バックベンディング現象」と呼ばれる。私たちはこれを次のように解釈できることを示した。すなわち、一つの原子核がいろいろ異なった慣性能率をもつことができて、ある慣性能率をもった状態がある条件の下で突然別の慣性能率をもつ状態に変化するためである。ところで、原子核の楕円体の長軸の長さと短軸の長さの差を長軸の長さで割った値を変形率(4)と呼び球形からのずれを表しているが、実験的に求められている変形率はだいたい〇・二〜〇・三である。

　原子核のエネルギーをこの変形率の関数として計算してみるとたしかに変形しているとされる原子核の場合には変形率が〇・二〜〇・三の範囲でエネルギーが最小となり実験値が説明されるが、さらに一部の原子核では通常の変形率

（4）変形率が〇・三、〇・六、〇・九の場合を示す。より正確には、長軸と短軸との長さの差を三軸の長さの平均で割った値である。

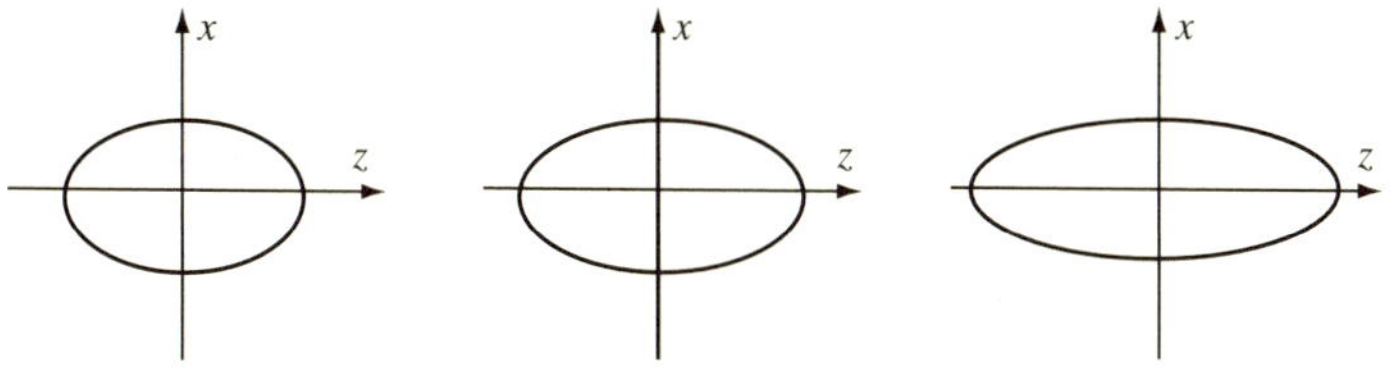

変形率　0.3　　0.6　　0.9

の約二倍の変形率（～〇・六）でもエネルギーが極小となりさらに大きな変形をなし得るということが示された。このような原子核を超変形した原子核という。この事実は最初は単なる予測にすぎなかったが、最近原子核を高いエネルギーまで励起する技術が進んだ結果、予想通りにディスプロシウム一五二など多くの原子核に超変形状態が存存することが実証されつつある。

さらに、〇・九程度の非常に大きな変形率（極変形と呼ばれる）をもった原子核の存存も報告されており研究が進められている。

二　自然界に安定には存在しない原子核

原子核の陽子と中性子の組み合わせは無数にあるはずである。しかし現実に存在する原子核はそのうちのごく一部にすぎない。陽子数Zが多すぎても、中性子数*N*が多すぎても不安定になり、結局核子数が約二四〇以下で、陽子数と中性子数がほぼ同じである原子核のみが自然界に安定に存存しうることとなる。しかしながら、自然界に安定して存在しない原子核でも、もし人工的につくり出され、かつその寿命がそれなりに長ければその存在を確認しその諸性質を探求することができるはずである。そういった原子核として近年大きな話題となっているものに中性子過剰不安定核、ハイパー核そして超重元素がある。

（一）中性子過剰不安定核の存在

高エネルギー（一核子あたり一ギガ電子ボルト程度）に加速した原子核を入射核として標的核に衝突させると、衝突のはずみで入射原子核が分解して自然には存存しないいろいろな短寿命の不安定な原子核が飛び出してくる。それらのなかには中性子数が極端に多い原子核、中性子過剰核があり、その一例がリチウム十一である。通常存在するリチウム原子核が陽子数三、中性指数三であるのに対し、この原子核は陽子数三、中性指数八であり、中性子数と陽子数との比が通常は一・五程度以下であるのに対して二・七にもなっている。この原子核の大きな特徴はその半径が通常予想される値より二割も大きいことであり、これはその後得られたほかの中性子過剰核、ベリリウム14やホウ素17などにも見られる。この現象は過剰な中性子が外側に押し出されてぎりぎりにやっと束縛されているため、中性子の空間的分布が原子核の中心部の周りを薄い密度で霧状に取り巻く結果となり、見かけ上の半径が大きくなったものと理解されている。これは原子核の密度はどの原子核でも一定であるという常識を覆すもので興味深い。なお、中性子が中心部を霧状に取り巻いている現象はまるで後光（ハロー）が取り巻いているように見えるためハロー現象と呼ばれている。

（二）ハイパー核

ハイペロン、すなわちラムダ粒子やシグマ粒子も陽子や中性子同様、原子核の構成要素となり得て、これらハイペロン(5)をも構成要素する原子核をハイパー核と呼ぶ。ハイペロンはストレンジネスをもち、しかも自然界に安定には存在せず、核子と結合させることはきわめて難しいが、しかし近年実験技術の進歩によりこのハイパー核の人工的な生成が可能となってきた。たとえば、ヘリウム四ハイパー核は陽子二個、中性子一個、ラムダ粒子一個で構成されるハイパー核であり、このようなラムダ粒子を含むハイパー原子核はすでに数十個存在が確認されている。ハイパー核にはラムダ・ハイパー核以外にシグマ粒子を含むシグマ・ハイパー核がある。元来シグマ粒子は簡単にラムダ粒子に変換するため、原子核内にシグマ粒子として束縛される可能性は少ないとされていたが、ヘリウム四シグマ・ハイパー核が比較的安定なシグマ・ハイパー核としてその存在が確認されている。これは核子とシグマ粒子の間に働く力の特異性によることが理論的に示されており、このようにハイパー核は核子とハイペロンの間に働く力の性質を知るうえで大きな役割を果たしている。また、ハイパー核には二個のストレンジ粒子を含むもの、たとえばヘリウム四にラムダ粒子が二個束縛したヘリウム六ダブル・ハイパー核が存在する。これらのハイパー核からはラムダ粒子間の力についての情報も引き出すことができ、重要な研究課題となっている。

(5) 三個のuクォークやdクォークから核子ができているのに対し、そのなかの一つをストレンジネスをもつsクォークで置き換えた粒子がラムダ、シグマ粒子である。ラムダ粒子はuds、正電荷のシグマ粒子はuusのクォークによって構成されている。sクォークを含む核子の仲間をハイペロンと総称する。第一部表1参照。

（三）超重元素の存在

核子数が二四〇以上の原子核は自然に安定には存在しない。しかしこれら超重元素を人工的につくり出す努力がこれまで続けられており、とくに近年は核子数が一〇〇以上の重い原子核も容易に加速することができるようになったので、鉛などの重い原子核を入射粒子として加速し標的の原子核と融合させるという手法で核子数が二五〇を超える原子核を創生している。現在のところ原子番号一一二、核子数二七七の原子核が一番重い人工的に創成された原子核であるといわれているが、もちろんこれらの原子核は不安定でその寿命もせいぜい秒の程度にすぎない

ところで陽子数ないし中性子数が二〇、二八、五〇、……である原子核がとくに安定であることはよく知られている。これらの数は魔法の数と呼ばれ、現在確認されている魔法の数の最大値は陽子については八二、中性子については一二六であるが、それを超える魔法の数として陽子数一一四、中性子数一八四が理論的に予言されている。陽子数、中性子数がともに魔法の数である原子核はとくに安定であることより、原子番号一一四、核子数二九八の原子核は比較的安定な原子核として存在しうるのでないかと予想され、この原子核を人工的に生成すべく努力が続けられている。

三　原子核と中間子

ここまでは原子核を陽子と中性子（まとめて核子という）の集まり、あるいはハイペロンも加わった集まりとみなしてきたが、もう少しミクロに見ると、核子は決して点とみなすほど小さな粒子ではない。実際、その大きさは高エネルギー電子加速器（超大型の電子顕微鏡とみなすことができる）を用いた電子と核子の弾性散乱により核子の電荷分布が測定されていて、核子の電荷は一〇のマイナス一三乗センチメートル弱程度に拡がっていることが明らかにされている。これを、核子の大きさとみなしてよいだろう。現在では、核子は点状の素粒子ではなく、基本粒子であるクォークから構成され、さらにクォークと反クォークから構成されている中間子[6]の雲をまとっている複雑な多体系とみなされている。このような様子は系のエネルギーが高くなると重要になる。中間エネルギー領域では、直接クォークが原子核を構成しているとする描像よりも、核子と中間子とが核内で相互作用している描像が現実的である。中間子の雲は核子との強い相互作用の結果、核子が中間子を出したり吸ったりすることにより生じる。この過程は核子の質量の変化や核子の電荷の拡がりを生じさせることになる。

さて原子核と核子の大きさを使って簡単な計算を電卓でやってみると実に原

（6）正の電荷をもつパイ中間子はuクォークと反dクォーク（$\bar{d}$）から構成されている。$\pi^+ = u\bar{d}$。

子核の体積の三割を核子自身が占めていることがわかる。では、このように核子が密につまっている原子核のなかで、核子はその性質を変えないままいるであろうか。現実に存在する原子核の質量は核子の質量の和よりは少し小さく、ある意味で核子の質量は原子核のなかで変化しているといえる。原子核中の核子が中間子を放出したさいに、その中間子がもとの核子に吸収されるのではなく、近くにいる別の核子に吸収されてしまうことが起こる。この過程は原子核内でのあらたな核子の質量の変化を生じ、あたかも核子間に力が働いているような効果とみなすことができる（図1）。これが核力のミクロな湯川理論による説明である。

原子核内で核子どうしが近づき、核子がお互いに重なり合うようになると、ある核子のクォークが別の核子のクォークと互いに入り混じることになり、近距離での核力は核子内部のクォーク構造まで考えに入れなければならない。実際、近距離で強い斥力が発生することが実験的に知られているが、それは核子間でのクォークの入れ替えによることが知られている。

次に原子核の電磁的な性質を考えてみよう。電荷の総量は保存量なので、原子核の電荷の総量は単に陽子の数そのものである。しかし、電流、電荷分布を知ることは単純ではない。原子核の電流、電荷は主に内部を動きまわっている核子により担われているが、核内の電荷をもった中間子も電荷を移動させる。

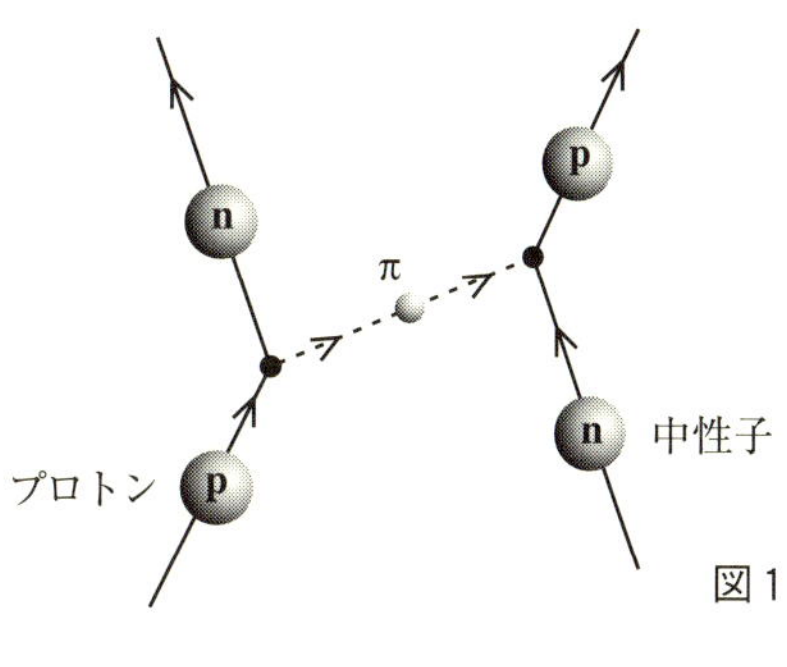

図1　核力

電流は電荷と速度の積で与えられるため、核子に比べて軽い中間子は大きな電流をつくりだす。実際高エネルギー電子を原子核に衝突させて調べた原子核の電荷、電流分布には核子間でやりとりされる中間子の電荷や電流が存在することが確かめられている。原子核中で核子の性質が変わって見える重要な部分は、このように核子間で中間子をやりとりする過程として理解することができる。しかし、話はこれで終わりではない。電子と原子核の衝突反応では、原子核をそのまま跳ねとばすだけでなく、中間子を発生する過程も起こる。(7) このとき発生した中間子と、原子核内で核子の間でやりとりされている中間子とは別ものではない。このように、中性子と陽子の単なる集合体が原子核であるとする原子核の描像がそれほど自明なものではなく、また核内に隠れている中間子や反応に直接現れる中間子の振る舞いを理論的につじつまのあった形で記述することは自明ではない。

最近、この問題に対してわれわれはひとつの理論を提唱したが、それは核子間力、原子核の電磁過程や弱い相互作用による過程のみならず、核子と電子の衝突過程による核子の共鳴状態の研究にも有効であることが知られている。

(7) 炭素核から正電荷のパイ中間子が発生する。

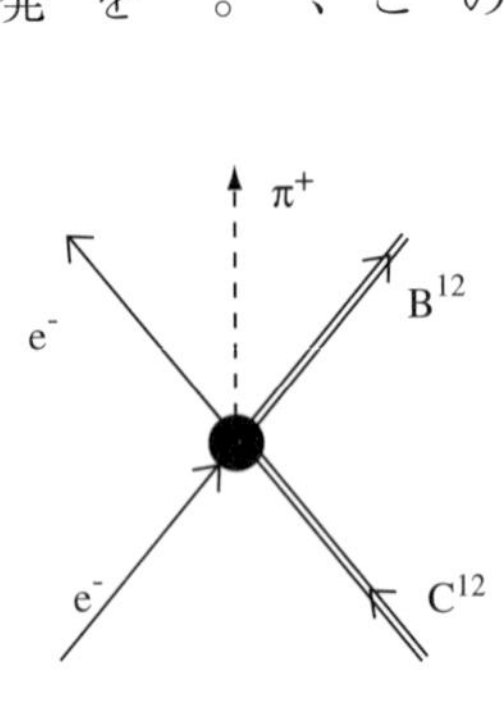

四　核子の構造――クォークの物理

少し前にふれたように、原子核の構成粒子である陽子や中性子は基本粒子クォークから構成されている。核子や中間子などのハドロン(8)はすべてuクォーク、dクォーク、sクォークと呼ばれる三種類のより基本的な粒子とその反粒子の複合状態であるということになる。（基本粒子には、もう三種類のクォークが存在し、全部で六種類のクォークが存在する）クォークはハドロンの中にのみ存在し、それを単独で取り出すことはできないという不思議な特殊事情があるにもかかわらず、その後の研究によって、クォークをくっつけてハドロンをつくる糊の役割をするグルオンという粒子の存在が明らかにされ、またクォークとグルオン(9)の相互作用の力学としての量子色力学が確立された。原子や分子の力学を扱うときに、構成粒子の内部構造を考慮する必要があることはまれであるが、原子核の場合は多少事情が異なる。前述したように複合粒子である核子のサイズは原子核自体のサイズと比べて桁違いに小さいとはいえないので、原子核の力学がクォーク・グルオンの力学と切り離して扱うことができない場合にしばしば遭遇するのである。この意味では量子色力学(10)はハドロンの力学の基礎を与えるのみならず、原子核の力学の基礎をも与えるものになっている。

もっとも単純なクォーク模型では、陽子は二個のuクォークと一個のdクォ

(8) 強い力を及ぼしあう素粒子の総称名。中性子、陽子、パイ中間子などはハドロンと呼ばれる。他方、電子やニュートリノはレプトンと呼ばれ、強い相互作用を受けない。

(9) クォークを互いに結びつける役割を果たす粒子で、量子電磁力学における光に対応する（グルーは糊を意味する）。

(10) クォークとグルオンの系の量子力学で、電子と光の量子電磁力学に類似しているが、「色」と呼ばれる量子数を含む。しかし、この量子数は直接観測されない理論となっている（クォークの閉じ込め理論）。

ークから、また中性子は一個のuクォークと二個のdクォークからできていると考えられる。クォークは半整数のスピン1/2をもつ、いわゆるフェルミ粒子であり、核子のスピンはこの三個のクォークのスピンの合成により生じると考えられる。

ところが、一九八八年にヨーロッパ共同原子核研究所で行われた偏極したミュー粒子と偏極した陽子の深部非弾性散乱の高エネルギー実験によれば、核子のスピンのうちでクォークのスピンに起因する部分はほぼゼロであった（より最近の実験によれば約二〇％程度である）。それでは核子のスピンはどこから来るのか？ この問題は「核子スピンの謎」と呼ばれ大きな論争の渦を巻き起こした。残念ながら、現在にいたるまでこのパズルに対する完全な解答は得られていない。しかしその解答にもっとも近いところにあると信じられるのがカイラル・クォーク・ソリトン模型によるわれわれの研究アプローチである。これはパイ中間子とある大きさの有効質量をもつクォークの強結合系を記述する量子色力学の有効模型である。この理論ではスピンと荷電スピンのある種の強い相関によりクォークに対するハリネズミ型の平均場[11]が生成される。このハリネズミ型の物体は空間回転に対するエネルギー的縮退のために自発的に回転する。つまり回転するハリネズミ型平均場のなかを運動するクォークというのがこの模型の与える核子の描像なのである。この模型で本質的に重要な役割を果

（11）もともとは、核子はパイ中間子の自明でない位相（トポロジー）構造をもつ波動解であるという考え（スカーム模型）を通じて知られるようになった概念である。粒子の電荷に向きの概念を導入し、正電荷を上向き、ゼロ電荷を横向き、負電荷を下向きとした場合、この波動解の中では中間子の電荷の向きが放射状に向き、あたかもハリネズミのように見えるところから、この名前で呼ばれる。

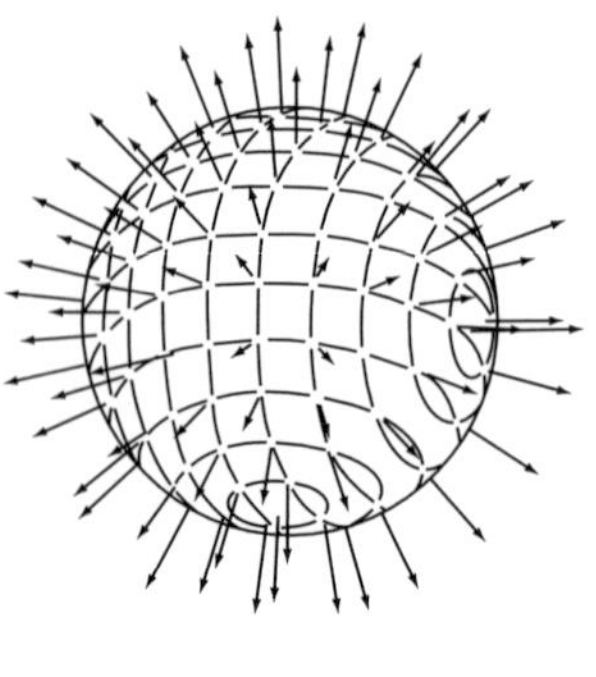

たすのが平均場によってひき起こされる負エネルギー・クォークの「ディラックの海」の歪曲効果である。しかしそれを別とすれば、この模型の「核子像」と、変形した平均場中を運動する核子という「回転原子核の描像」との類似性は明らかである。この模型にもとづき計算された核子の構造関数は、最新の実験データの注目すべき特徴のすべてを良く再現することがわかった。

ここでは、例として核子のスピンがどのように構成されているか、その中身に対する模型の予言を示す。図2の実線と破線はおのおの、核子のスピンのうちでクォークのスピンが担う部分とグルオンのスピンが担う部分を表す。これ以外にクォークやグルオンの軌道角運動量の寄与もある。理論の予言が実験データを定性的に再現していることに注目していただきたい。

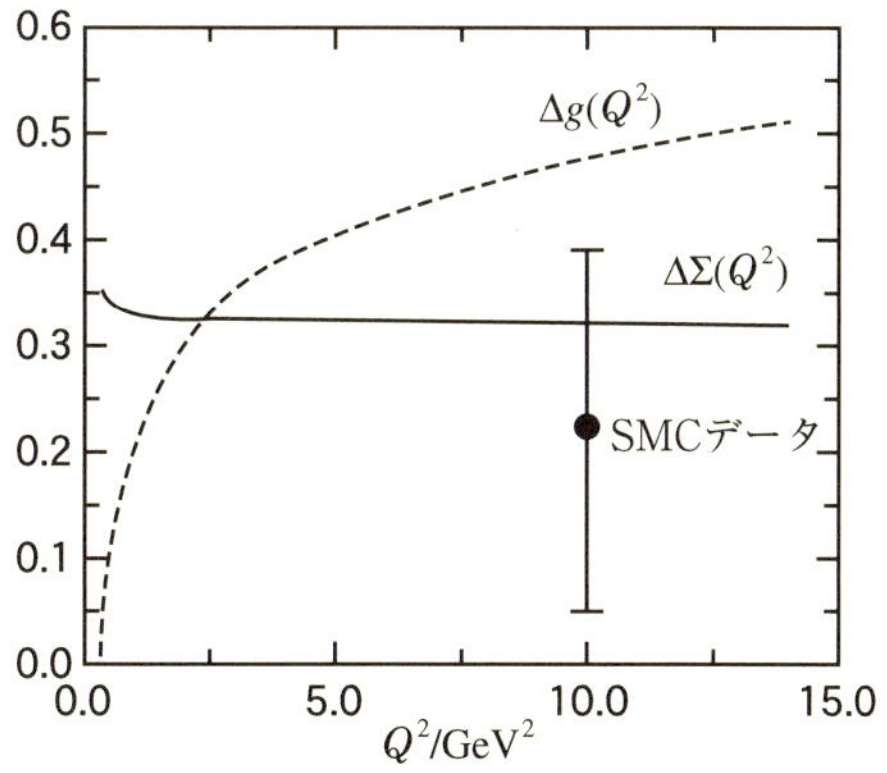

図2 クォークが担うスピンの割合

第六章　原子核と陽子のなかを見てきたβ線

一　基本原理には証明がある

原子核は重い

原子の中心にある原子核は非常に小さい。原子（直径がほぼ一億分の十センチメートル）のまた一〇万分の一が原子核の直径である。おまけに、原子一個の重さの九九・九％はこの原子核に集中しているから核の密度はたいへん高い。(1) またこの極微小な領域に原子番号Zに相当する全電荷Zeが押し込められているから想像を絶する強い電磁場も核内に働いている。ではこの高密度で、強電磁場の働く原子核や核子は何からできているのだろうか。決め手になる現象をあげて探ってみよう。たとえば、惑星の円運動（遠心力が働く(2)）の観測事実に、回転周期と半径の関係（観測事実）を組み合わせて、ニュートンが万有引力 $F = GmM/r^2$（mは惑星質量、Mは太陽質量、rは惑星と太陽間の距離、Gは万有引力定数）を演繹したように。(3) また、物質から出る光（黒体輻射）の連続波長スペクトルから作用量子を知り、水素原子から放出される光の離散的波長スペクトルの規則性から原子の土星模型（電子構造(4)）を知った。極微の世界を支配

(1) 原子核だけを集めることができるとすると、スプーン一杯（だいたい一㎤）で、地球上に住む人間約五〇億人の重さ（約二億五千万トン）になる。

(2) 糸をしっかり手にもって、先につけた錘を水平面内でぐるぐると回すと、錘は見えない力、遠心力 $F = mv^2/r$（mは錘の質量、vはスピード、rは糸の支点を通る垂線へ回転している錘から下ろした垂直線の長さ。力は錘にこの垂直線の外側向けて働く）でもって水平面近くまで引き上げられる。この遠心力は、実感できる。

する新しい量子力学が誕生し一九二〇年代には量子の世界観が確立した。この過程で、いくつもの大事な原理原則の発見があるけれども、光の光電効果やコンプトン散乱から光が粒子性をあわせもつこと、また電子線の結晶による回折実験で電子（物質）が波動性[5]をあわせもつことを証明したように。

核半径とパイメソン

一九三三から一九三五年当時、「核半径五×一〇のマイナス一三乗cmのなかへの閉じ込めの理由?」という問いが、一大研究テーマだった。この問いに当時阪大理学部の講師をしていた湯川秀樹は、「中間子（πメソン）が核子間に交換されて引力が働く」とした。πメソンを類推するには物質の波動性にもとづく不確定性原理、$\Delta E \cdot \Delta t \geqq \hbar$、が決定的な働き[6]をする。核半径五・一〇のマイナス一三乗cmを光が伝わる時間がΔtであるから、質量をもつ場（メソン）の$\Delta E \sim$ 140MeVが求まる。電子の質量（〇・五一MeV）の二七〇倍ほどのπメソンだ。

当然のことだが、核内を飛んでいるπメソンは原子核の多様な現象にも顔を出すはずだ。ところが、七〇年たった今でも、核子が平均ポテンシャル中を運動するという単純な模型（殻構造模型）でほとんど話がすんでしまい、πメソンによる効果がたかだか一〇%しかないことと、殻構造模型の予言能力に限界

（3）ガリレイやティコ・ブラーエなどが惑星について行った驚くべき緻密な観測結果を、ケプラーが精査して惑星運動についての三法則を引き出した。その第三法則は、惑星の公転周期の二乗は楕円軌道の長半径の三乗に比例し、その比例定数はすべての惑星に対して共通の値をもつ、ということであった。惑星の軌道は驚くほど円軌道に近いので、円運動を仮定して、ニュートンは遠心力を第三法則を使って変形して、万有引力$F = -GmM/r^2$を演繹した。この結果、リンゴの落下運動も、宇宙ロケットの打ち上げも、海王星や冥王星の発見もあたりまえであった。逆にまた、諸現象は万有引力と運動方程式を保証した。

（4）一九〇四年に長岡半太郎は原子の土星模型を提案した。しかし、古典電磁気学の範囲での理解では、回転する電子は加速度運動によるエネルギーを放出し続けて、あっという間に潰れる。

（5）作用量子：プランク（一九〇〇）。光量子：ヘルツ（一八八七）、アインシュタイン仮説（一九〇五）、コンプトン（一九二三）。電子線の回折：デェビソン-ジャーマー（一九二五）、菊池正士（一九二七）、G・P・トムソン（一九二八）。

があるので、πメソン効果の同定が困難なのだ。だから、πメソンだけがきく現象を探す工夫が必要だ。

核子は内部構造をもちクォークからできている

あの有名なパウリが、陽子の磁気モーメント(7)の測定は「今更意味のない研究だ」として小馬鹿にしたにもかかわらず、ステルンたちの見込みどおり陽子モーメントは陽子を素（質量M_p）としたときの核磁子（$e\hbar/2M_p$）の二・五倍もあった（一九三三年頃）。同じく、一九四〇年にはアルバレたちが中性子の磁気モーメントがマイナス一・九倍であることを発見した。中性子は電荷をもたないから、正と負の電荷がなかで互いに逆向きに回転していなければならず、素粒子（クォーク？）による内部構造がなければならない。湯川が菊池正士の側で中間子論（一九三五年）を出すころのことである。

その後の研究の結果、核子は素粒子アップ（u）とダウン（d）クォークからできており、陽子は（uud）の組み合わせで、中性子は（udd）の組み合わせであることがわかってきた。それぞれの性質は、表1に示してある。特異にも、u、dは＋$2e/3$、または－$e/3$と半端な荷電をもつ。それに、自由クォークの質量は高エネルギー研究から一〇MeV以下とわかっている。そして、核子の重さ九四〇MeVは、クォークどうしの相互作用や、結合に与る糊（グル

(6) ここでは、$\Delta E \cdot \Delta t$＝（πメソンが飛び出したときの核子のエネルギー変化）・（核子がその状態である時間）≧$\hbar$。$\hbar$はプランクの定数hを用いて$h/2\pi$。実際は、点電荷がつくるポテンシャルエネルギーを与える電磁場の波動方程式のアナロジーで、原子核のポテンシャルエネルギーを記述する波動方程式を与え、これと、相対論による全エネルギー、運動量、静止質量の関係の量子化から得られるクラインゴルドン方程式との比較から、パイ中間子のコンプトン波長が得られて、その静止質量が求まる。

(7) 銅線でコイルをつくり、円電流を流したら電流とコイルの半径とで定義する磁石（磁気モーメント）になる。このときは多数の電子（負電荷をもつ粒子）が輪状に回って磁石をつくった。一方、電荷をもちスピンをもつ素粒子は、磁気モーメント（永久磁石）をもつ。これは、スピン角運動量$\hbar/2$をもつ電子の電磁場での力学を記述するシュレーディンガー方程式から、電子（ディラック粒子：内部構造をもたない）にディラック磁気モーメント＋$1.0e\hbar/2M_e$をもつことが要求される。

ーオン）などのせいで重くなった構成クォークで理解できる。そうすると、クォーク質量 $M_q = M_u = M_d$ の極限の取り扱いが許され、構成クォーク核磁子 $e\hbar/2M_q$ が定義できる。結局、陽子の磁気モーメント $+2.8e\hbar/2M_p$ は $+e\hbar/2M_q$ と、また中性子の磁気モーメント $-1.9e\hbar/2M_p$ は $-(2/3)e\hbar/2M_q$ と等しくなり、理論は $\mu_n/\mu_p = -0.667$ を与え実験値 -0.685 を非常に良く再現する。また、いずれも構成クォークの質量 M_q＝三四〇MeV を与える。しかし、核内で太った構成クォークは自由クォークと異なることを示して、クォークどうしを結合させる中性の粒子であるグルーオンも含めて量子色力学で解明するという宿題が残った。

表1　解説に出てくる核子と素粒子

粒 子	質 量	スピン（$\hbar$）	パリティ	荷電（e）	磁気モーメント（脚注7）（単位：ディラックモーメント）
核 子					
陽子（p）	938.3MeV	1/2	＋	＋1	＋2.8 $e\hbar/2M_p$
中性子（n）	939.6MeV	1/2	＋	0	-1.9 $e\hbar/2M_p$
メソン					
パイ（π^+）	139.6MeV	0	-	＋1	0
パイ（π^0）	135.0MeV	0	-	0	0
パイ（π^-）	139.6MeV	0	-	-1	0
レプトン					
電子（e^+）	0.51MeV	1/2		+1	+1.0 $e\hbar/2M_e$
電子（e^-）	0.51MeV	1/2		-1	-1.0 $e\hbar/2M_e$
ミュー（μ^+）	105.7MeV	1/2		+1	+1.0 $e\hbar/2M_\mu$
ミュー（μ^-）	105.7MeV	1/2		-1	-1.0 $e\hbar/2M_\mu$
ニュートリノ（ν_μ）	<10keV	1/2		0	0
ニュートリノ（ν_e）	<10 eV	1/2		0	0
クォーク					
up（u）	～5MeV	1/2	＋	+2/3	+2/3 $e\hbar/2M_q$
down（d）	～10MeV	1/2	＋	-1/3	-1/3 $e\hbar/2M_q$

（ ）内は粒子表記法，e：$+1.60\times10^{-19}$C で定義する．M_p，M_e，M_μ，$M_q = M_u = M_d$ の極限は，それぞれ陽子，電子，ミューオン，コンスティテューエントクォークの質量である．

二　核内のクォークとπメソン？

πメソンは電荷をもつので、核内を走るとこれによる磁気モーメントが誘起する。先ほどの理論と実験の μ_n/μ_p 値を再度見るとその差は約二%しかない。だから、原子核のなかでのπメソンを核磁気モーメントから見ようという考えは直接的でありわかりやすいのだが、この目的を達するには、精度高く実験値と理論値を比較する必要があり[8]困難が伴う。もう一つある。β崩壊過程のなかで、核スピンを1だけ変えるガモフテラー遷移は、核内πメソンが直接かかわる現象として有名である。たとえば、主要項の結合定数が約一〇%もπメソン効果を含むと見積もられているが殻構造の理論計算精度が今のところこの程度なので決定的結論を得るには研究はこれからであろう。だからどうしても、πメソン効果が巨大に含まれている現象を見つけて、これを精度高く観測する方法を探すことが重要である。このために、次節でβ崩壊に与る核子の四次元流を注意深く分解してみる。

一方、核子の中にクォークを見る一つの方法は高エネルギーの荷電粒子やγ線を核子内にたたき込んで、構成クォークに触れてさせることである。これは高エネルギーのクォークとの衝突（大運動量移行現象）を見る大きな分野であ

（8）短い時間の間、空間的に放出されたπメソンの運動による電流は新たな磁気モーメントを誘起する。原子核の磁気モーメントの理論計算には核構造の詳細が絡み、これの予言能力が一%より高くない。このモーメントからπメソンを定量するには構造の詳細がわかる特別な核がいる。

る。クォークの相互作用は、移行運動量に依存するので、ここでは、もう一方の極端状態、核子のなかで静かにしているクォークを、運動量移行ゼロの状態で見たい。一般には探索子（プローブ）を入れられないので非常に難しい問題で、実現不可能である。

さて、原子核のβ崩壊に注目しよう。原子核からβ崩壊で放出される電子や陽電子は、実は核内の核子pまたはnのβ崩壊である。もっと深く核子崩壊$p \to n + e^+ + \nu$を見ると、クォーク描像で表される（uud）→（udd）＋$e^+ + \nu$。これはまさに、クォークのβ崩壊$u \to d + e^+ + \nu$である。逆に、中性子の崩壊は、$d \to u + e^- + \bar{\nu}$である。結局、核の$\beta$崩壊で出てきた電子や、中性微子は原子核のなかで運動している核子やそれを構成しているクォークについて見てきたことを語る資格があるのである。そこで核子のβ崩壊を注意深く調べてみよう。少なくともレプトンを放出したときに、核子は反跳運動量を受けるから、陽子や中性子に質量の違い（ひいては、アップとダウン・クォークの質量差）はこの反跳運動量を含む所（相互作用形式のなかの）に反映される。しかもβ線に与えるエネルギーが大きい[9]場合に注目する方向が示される。

陽子と中性子のベータ崩壊は同じか？

β崩壊は弱核子流J_λとレプトン流L_λの内積でハミルトニアン密度が与えら

（9）β崩壊の崩壊エネルギーが一〇MeV程度と大きい原子核を選ぶ必要がある（核子全エネルギーの一〇〇分の一と小さい）。実は陽子と中性子のβ崩壊を比べるといったのだが、自由陽子は崩壊しない。そこで、原子核のエネルギーを借りてそれぞれのβ崩壊を比べることになる。良い例として^{12}Bと^{12}Nの崩壊がある。$^{12}B \to {}^{12}C + e^- + \bar{\nu}$、$^{12}N \to {}^{12}C + e^+ + \nu$崩壊は、それぞれ核内p、nのひいては核子内d、uクォークの崩壊に対応する。

れる。このハミルトニアンは荷電粒子の電磁場中の力学[10]にまったく類似している。ガモフテラー崩壊は相対論的効果なので、自然現象が身近になく直観に訴えないから、実験で決めるしか手がない。まずミュオン研究から $m_\mu f_P/f_A$ ～7が決まっている。一方、誘導テンソル項 f_T は主要項と G−パリティ〔アイソスピン空間の y 軸回りの π だけの回転と荷電共役変換 C の積：$G=C\exp(i\pi I_2)$〕が逆符号をもつので、その存在は、対称性を要求するゲージ理論やカレント代数と相入れない。直接の確認がたいへん重要である。主要項以外は反跳運動量に依存することに注目しよう。

pとnは同じ核子であり、違いは荷電と極微量な質量のみだから両 β 崩壊は同じハミルトニアンで記述できると期待する（G−パリティが保存、$f_T=0$）。これを確かめるのだが、自由なpは直接には β 崩壊しないので、原子核の助けを借りて核内pの崩壊[11]を見ることにする。すなわち、^{12}N の β 崩壊を鏡映核 ^{12}B の β 崩壊と比べる。大事なところだけに集中して書く。

核スピンが純粋整列（$P=0$、$A=$大きい）[12]した ^{12}B（$I^\pi=1^+$, $T_{1/2}=21$ ms）と ^{12}N（$I^\pi=1^+$, $T_{1/2}=11$ms）から ^{12}C（$I^\pi=0^+$）への β 線角度分布は、

$$W(\theta)\propto pE(E-E_0)2\{B_0(E)+AB_2(E)P_2(\cos\theta)\} \qquad (1)$$

と与えられる。ここで、p と E は放出される電子の運動量と運動エネルギー、E_0 は最高エネルギーである。θ は整列軸の方向と β 線方向のなす角度である。

（10）電磁場および荷電粒子の運動は特殊相対性理論に従い四次元のベクトルで記述される。荷電粒子の運動は、空間成分（三次元）と時間成分（一次元）の合計四次元である。核子の流れ $J_\lambda=V_\lambda+A_\lambda$ は、少し専門的になるが、特殊相対論の要求、ローレンツ不変性からベクトル流 V_λ と擬ベクトル流 A_λ で、次式で与えられる。

$V_\lambda=$

$\bar{\psi}_p(f_V\gamma_\lambda+f_W\sigma_{\lambda\rho}k_\rho+if_S k_\lambda)\psi_n$

$A_\lambda=$

$\bar{\psi}_p\gamma_5(f_A\gamma_\lambda+f_T\sigma_{\lambda\rho}k_\rho+if_P k_\lambda)\psi_n$

ここで、ψ_p、ψ_n は陽子、中性子の波動関数、γ_λ はガンマ行列、k_λ は反跳運動量である。f_V はベクトル主要項、誘導項 f_W と f_S はそれぞれ弱磁気項とスカラー項の結合定数である。また、f_A は擬ベクトル流の主要項で、f_T と f_P は誘導テンソル項と誘導擬スカラー項である。中性子の研究から $f_A/f_V=-1.25$ と決められたが、擬ベクトルには核内 π メソンがからむために f_A はいまだにメソン効果研究の対象である。ベクトル流保存則（CVC）から核子異常磁気モーメントを使って、$f_W/f_V=-(\mu_p-\mu_n)/2M_p$ ～ 10^{-3} であるが、これも核内 π メソンの影響を大きく受ける。同じく $f_S=0$ が決められている。

整列相関項の計数 $B_2(E)$ と $B_0(E)$ との比はベクトル流の弱磁気項を含むマトリックスと擬ベクトル流のガモフテラーマトリックスの比、誘導テンソル項、および擬ベクトル主要項の時間成分 $y=-2iM_p\int\gamma_5 r/\int\sigma$ で与えられる。[10]

$$B_2(E)/B_0(E)/E=(1/3)\{\pm(2f_V\int\alpha\times r/f_A\int\sigma)\mp2(f_T/f_A)-(y/M_p)\}$$

右辺第一項 $f_V\int\alpha\times r/f_A\int\sigma=-2a$ は弱磁気（WM）、ここで、符号は上が ^{12}N、下が ^{12}B崩壊である。^{12}Bと ^{12}Nとアイソスピン（T）三重項をなす ^{12}Cの一五・一一MeV準位（$I^\pi=1^+, T=1$）の研究から、$\alpha_{exp}=+4.02+0.03$ と求まっている。さて、ここでは主要項 f_A のメソン効果の不確定さにもかかわらず、微小な f_T や時間成分を議論するのに全遷移強度ではなくて、このβ線エネルギー依存性のみを議論する賢い方法をとった。

クォーク質量差

実験研究では、短寿命である ^{12}B（^{12}N）に正と負スピン整列の差三六％（七五％）をつくり、βエネルギーの関数

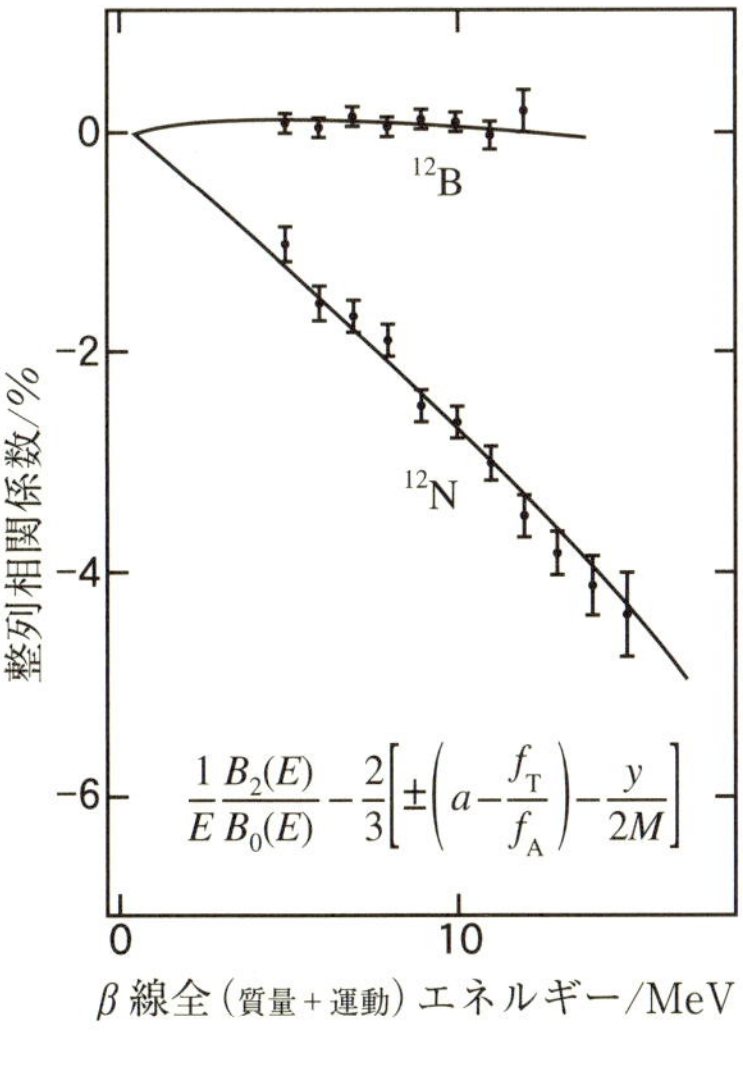

図1
^{12}Bと ^{12}Nのβ線角度分布整列相関項実線

実線は実験値に最も良く合う理論曲線である．このデータから，誘導テンソル項がゼロでないこと，核内核子質量が12％も軽くなっていることを決めることができた．

で$B_2(E)/B_0(E)$を測定した。高い精度で得た相関係数実験値を図1に示す。たいへんなことに、^{12}Bと^{12}Nのβ崩壊角度分布は明瞭に異なることを発見した。この差は微小だが、これをを理解するために^{12}B崩壊と^{12}N崩壊についての上式の差をとると、理論式が（2）式で得られ、これに実験値を入れると（弱磁気項も実験で得られているので）、誘導テンソル項

$$2M_p(f_T/f_A)_{exp} = \alpha_{exp} - (3/4)\{(B_2/B_0/E)_- - (B_2/B_0/E)_+\} \qquad (2)$$

$$= +0.22 \pm 0.05(\mathrm{stat.}) \pm 0.15(\mathrm{syst.}) + 0.05(\mathrm{theor.}) \qquad (3)$$

を式（3）のように得た。$f_T/f_A = 1$なら上式は4000になるところだから、今回得られた結果$2M_p(f_T/f_A)_{exp}$は十分に小さいといえる。しかし、有意にゼロではなく、陽子と中性子のβ崩壊に微小な差があることが発見された。QCD Sum Rulesの理論はu、dの質量差で、$2M_p\ f_T/f_A \sim (m_u - m_d)/M_p$を与えるが、これと整合する。質量差は四MeVから、$2M_p(f_T/f_A)_{theor} = +0.015$となり、実験値の下限にある。このようにわれわれは、核内にクォークを顕に検出する方法を初めてつくった。

擬ベクトル流時間成分の巨大メソン効果

相関係数の明瞭な差をこれだけでは説明できない。相関係数の和は、理論的に、$\{(B_2/B_0/E)_- + (B_2/B_0/E)_+\} = -(2/3M_p)y$となり、時間成分$y$を純粋に

（11）$^{12}N \to {}^{12}C + e^+ + \nu$崩壊で、^{12}Nと^{12}Cの相対論的全エネルギー差を^{12}Nの陽子に集めて$p \to n + e^+ + \nu$崩壊を起こす。

（12）スピンIをもつ原子核集合の偏極Pと整列Aは、磁気量子数mとその準位の占有率p_mから、それぞれ一次と二次の能率、$f_1 = P = (\Sigma m p_m)/I(\Sigma p_m)$、$f_2 = A/3 = \{(\Sigma m^2 p_m)/(\Sigma p_m) - I(I+1)/3\}/I^2$として定義する。ここで、和は$m = -I$から$+I$の範囲でとる。核スピン$I = 1$については$P = a_{+1} - a_{-1}$, $A = 1 - 3a_0$, $a_{+1} + a_0 + a_{-1} = 1$である。

抽出できることがわかる。これは今までに例のないすばらしい方法であることを指摘しておく。空間成分の四千分の一しかないごく小さなこの時間成分であるから、一般の実験研究では純粋分離することはまず不可能であることも指摘しておく。ここでは、$y_{\mathrm{exp}} = 4.66 \pm 0.06(\mathrm{stat}) \pm 0.13(\mathrm{syst})$ が得られ、核構造の理論値二・八五と比べると六三%も大きい。これぞ巨大なπメソン効果か！しかし、理論メソン効果 $y_{\mathrm{exch}} = 1.27$だけではこれの四五%までしか説明できない。すなわち、理論値は $y_{\mathrm{theor}} = 4.12$となり、いまだ〇・五四も小さい。このままでは、残り一八%が説明できないことになった。

今までのこの理論には核内核子の媒質効果を取り入れていなかった。そこで、これを入れると、この差は陽子質量が核物質中で、(12±4)%も軽くなっていることを強く示唆している(九〇%コンフィデンスレベル)。核物質中で、陽子を閉じこめているタガが緩んで膨れている[13]かもしれない。

三　まとめ

原子核で素粒子を見る分野が発展している。素粒子物理学と原子核物理学のインターフェイスが進んでいるといえる。クォーク質量差についてはさらなる実験と理論研究が進められ、核子質量媒質効果の核子密度依存性を見るために

(13) 核内核子の核物質中でのクォークの閉じ込め(Quark Deconfinement)現象との関連が考察されよう。

は、重い原子核のなかの核子について、密度の大きいところでの核子の研究が望まれる。これを可能にするのが、最近の理化学研究所のリングサイクロトロンや放射線医学総合研究所の重イオンシンクロトロン、TRIUMFのISACで得られる短寿命核の相関実験である。それに、精密研究（Precision frontier）のためには十分なビーム強度と測定時間を必要とする。

第七章　放射性原子核で探るヘリウムの超流動

一　ヘリウムと超流動

ヘリウムは元素の周期表のなかで水素に続く第二番目の元素である。一八六八年太陽光線の分析のさいに発見された。(1) 常温で気体のヘリウムは、温度を下げてもきわめて液化しにくい。液体ヘリウムがはじめて得られたのは、やっと一九〇八年になってからである。ヘリウムを液化するには、マイナス約二六九℃の低い温度が必要である。この温度では、ほかのすべての物質が固体化してしまうと考えられる。絶対温度(2)の零度近くになっても、ヘリウムはまだ固体にならない。常圧の二五倍におよぶ圧力を与えてはじめて固体になるという変わりものである。ヘリウムのように小さくて軽い原子は絶対温度零度近くになって熱運動がなくなっても、こんどは量子力学的な零点振動(3)が現れてくる。このため、原子どうしの動きが小さい固体にはなりにくい。脚注4の図で示すように、この圧力で零点振動を押さえつけて固体にするのである。

ヘリウム原子の特徴を一言で表すと、きわめて安定ということである。電子を一つ剥がすのに必要な電離エネルギーは二四・六eV(5)と異様な大きさである。

(1) ヘリウムの命名は、ギリシアの太陽神Heliosにちなんでいる。

(2) 絶対温度Tとセ氏の温度tは$T=t+273.16$の関係がある。その物理の意味は後述する。

(3) 微視の世界の物体は不確定さに支配されている。たとえば、電子を観測するとしよう。その位置を正確に決めようとすると、運動量が決まらなくなり、運動量を正確に決めようとすると位置が決まらなくなる。これをハイゼンベルクの不確定性関係という。エネルギーが最小の状態にある粒子も不確定関係による運動を伴う。この運動を零点振動という。第三章脚注（7）参照。

ちなみに、ナトリウム原子では五eV程度にすぎない。もう一つ、原子が電気力の影響のもとで、どのくらい変形するかという目安がある。電気分極度といわれるものである。物質に圧力をかけるときのように、電気力の影響下では原子の電子軌道が歪む。ヘリウム原子はこの影響がきわめて小さい。いわば、脚注6の図のような球形の固い原子であるといえる。

このほかに、ヘリウムには、ほかの物質には見られない驚くべき性質がある。ふつう液体には粘性がある。たとえば、水などは一見さらさらしているようでも、液体の一部分をかきまわしてやると、動きが液全体に拡がっていく。液体ヘリウムの性質も例外ではない。ところが、マイナス約二七一℃、絶対温度でいうと二・一七Kを超えて液体ヘリウムの温度を下げてゆくと、突然に液体ヘリウムの特性が変わってしまう。この温度をラムダ転移温度と呼んでいる。液体ヘリウムは熱を伝えやすくなって、液面が極度に静かになる。また、粘性がきわめて小さくなって、ヘリウムは容器の壁を這い上がるくらいになる。この状態を超流動と呼んでいる。液体ヘリウムが発見されてすでに一〇〇年近くが経つ今日でも、多くの研究者を魅了しつづける一番の特性である。

ここで、温度の目盛りについて一言ふれておこう。日常生活ではセ氏の温度目盛りを使うことが多い。常圧、一気圧のもと、水の沸点を一〇〇℃、氷点を〇℃として、その間を百等分するものである。物理学では、もうひとつの温度

(4) 圧力を加えて零点振動を抑えるとやっと固体になる。

(5) 電子や陽子のように最小単位の電荷をもった粒子を一ボルトの電位差(電圧)で加速したときに、粒子が得る運動のエネルギーの大きさを、一電子ボルト(eV)という。

目盛りを完成させた。温度の原点、考えうる最低の温度を〇として、セ氏の目盛りと同じ間隔で温度を計る。この目盛りを絶対温度目盛りと呼び、得られた温度を絶対温度という。この原点、もっとも低い温度は〇Kと書く。セ氏で表すとマイナス二七三・一六℃である。氷点であるセ氏〇℃はしたがって、二七三・一六K、水の沸点は三七三・一六Kとなる。この温度目盛りを使うと、熱現象を、〝物理量としての温度〟に関係づけられる利点がある。

超流動ヘリウムはそれ自体きわめて多くの研究の対象となっている。超流動ヘリウムはまた、そのなかに含まれるわずかな不純物の振る舞いを調べるのに、きわめておもしろい環境を提供してくれる。一九六〇年ごろ、ヘリウム中の不純物原子やイオンの振る舞いがいろいろ研究されたことがあった。不純物の検出法に感度の良いものがなく、興味をもたれていたわりには、長い間、この分野に大きな発展がなかったようである。大阪大学の素粒子・原子核物理学講座では久しくこの問題に取り組み、新しい検出法を切り開いてきた。ここではそのいくつかの面を紹介しよう。

二　原子と原子核

原子は大まかにいって百億分の一メートルの大きさをもつにすぎない。これ

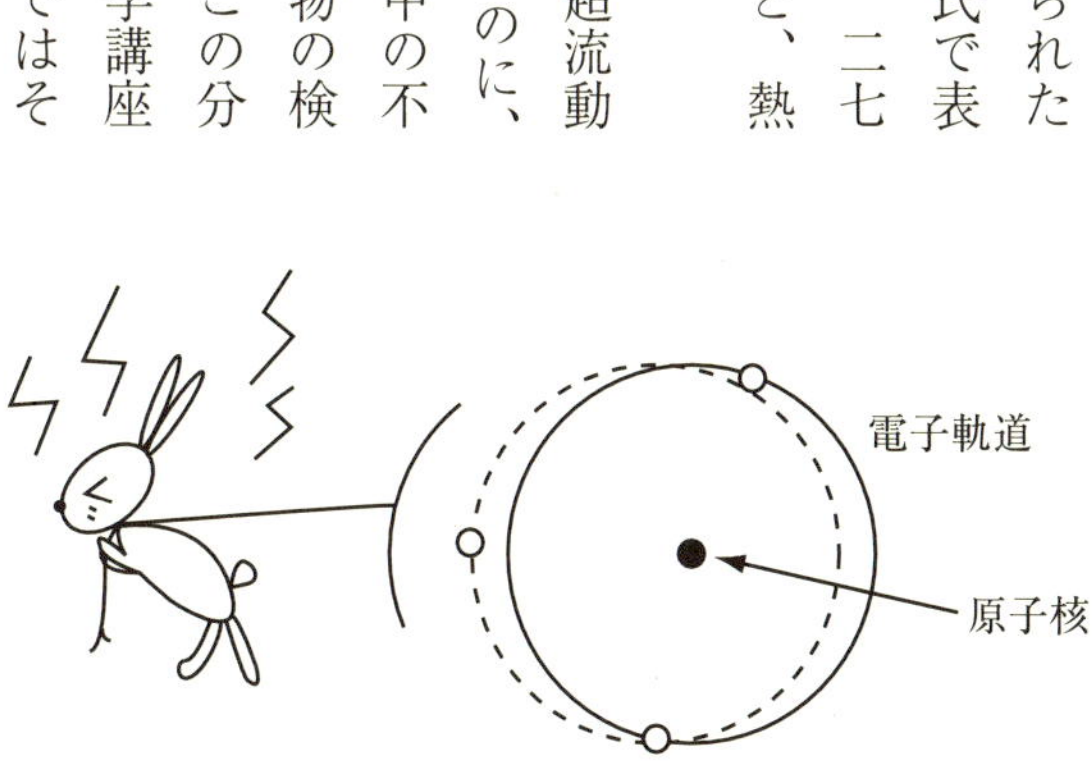

（6）電気の力で原子を歪ませる。

は負の電気量をもつ電子が原子のなかで運動する軌道の大きさに相当するといえる。もう一つ別の言い方をすると、電子が波のように拡がっている大きさに相当する。原子や電子、さらには原子核のように微視の世界を描写するとき、私たちの直感に訴えようとすれば、この二つの表現がともに必要である。いわば、粒子像と波動像が両立している世界である。この様子を記述する物理学は、量子力学と呼ばれる。エネルギーや運動量などの物理量のもっとも小さい単位に関する力学という意味である。

電子に作用する電気力は原子の中心からくる。そこには正の電気量をもつ原子核がある。脚注7の図に示すように、原子核は原子の大きさのおよそ一万分の一の大きさ、百兆分の一メートルにすぎない。ところが、原子の質量のほとんど九九・九を占めている。非常に重い物質からなっているということになる。原子核は、電気量と質量によって種類分けできる。電気量は原子核のなかの陽子数によって決まっている。そこで、陽子数をZで表し、原子番号とも呼ぶ。原子の化学的性質はZによって決まるからである。

一方、質量は原子核の陽子数と、原子核のなかにあるもう一種類の粒子、中性子の数との和によって決まる。陽子は正の電気量をもっているが、中性子の電気量は〇である。この二つの粒子はほぼ同じ質量をもつなど、電気以外の性質はよく似ているため、まとめて核子と呼ばれる。このため、原子核のなかの

（7）電子軌道を教室ぐらいに拡大すると、原子核の大きさは鉛筆の芯ぐらいである。

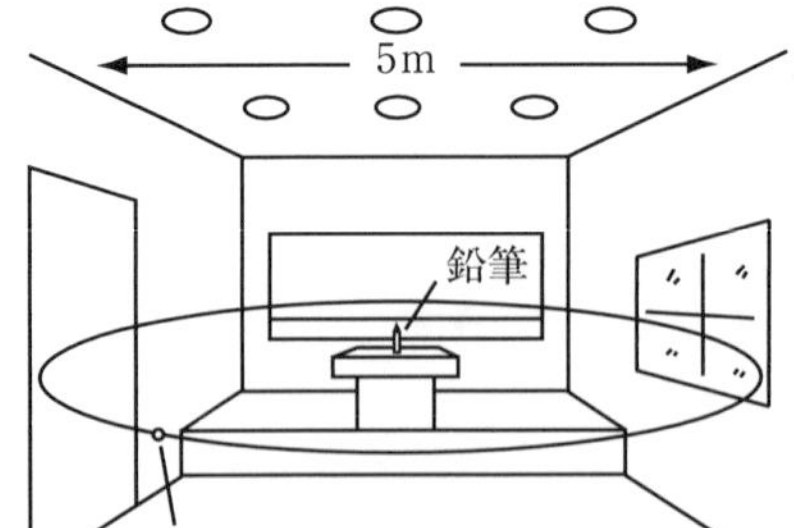

核子の数Aを質量数と呼ぶ。ZおよびAはいずれも整数である。陽子や中性子は単位になっていて、半分だけとか、一部分だけとかでは存在しない。

地球上にはいろいろの種類の原子が存在している。原子番号一番の水素原子から。八三番のビスマス（蒼鉛）までには、約二五〇種類の安定な原子核がある。陽子数は同じでも質量数の異なる原子核をもつ原子が存在するからである。これらを同位元素（同位体）と呼んでいる。自然界にある原子でも、鉛（原子番号八二番）より大きいトリウム（同九〇番）やウラン（同九二番）原子はすべて不安定な原子核をもっている。さらに現在では、このほかにおよそ二千種類におよぶ原子核が知られている。これらはすべて不安定な原子核をもつ。このような原子核は、一層安定な状態に変化するとき、余分のエネルギーを放射線の形で放出する放射性の原子である。この性質が放射能で、この変化を放射性崩壊と呼んでいる。

原子の放射性崩壊は一定の法則にしたがっている。放射性原子の数はつねに平均して、ある時間が経つごとに半分になる。この時間は放射性原子核の種類によって決まっていて、半減期と呼ばれる。半減期の二倍、三倍の時間が経過すると、はじめの量のそれぞれ四分の一、八分の一になる。きわめて長い時間が経っても、崩壊せずに残っている放射性原子の量はきわめて少なくなるとしても。脚注8の図のように、〇になることはない。

（8）放射能の強さは半減期ごとに半分になる。

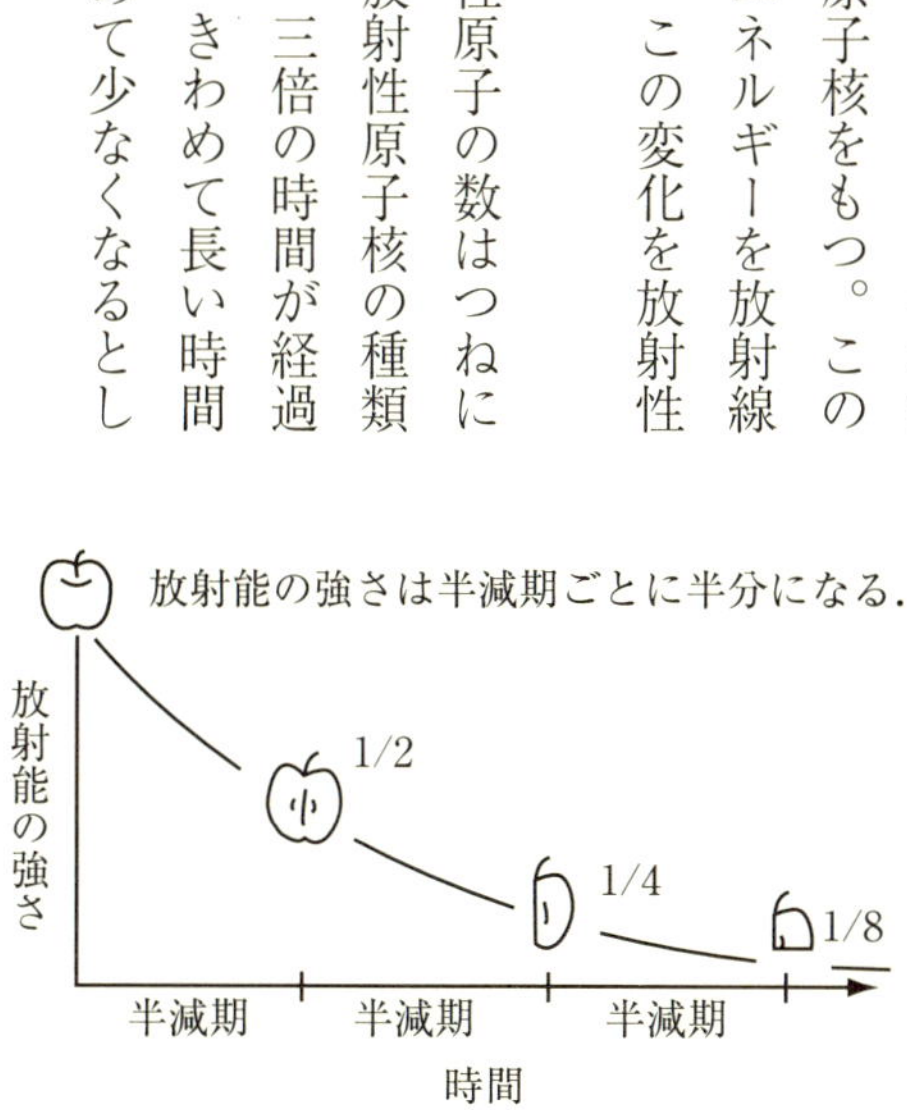

三　超流動ヘリウム中の不純物、スノーボールとバブル

さて、陽子数二のヘリウムには四種類の同位元素がある。九九・九九％は質量数四のヘリウム原子（^{4}Heと書こう）で、先に見てきた液体ヘリウムの性質を示す。残りは質量数三のヘリウム（^{3}He）で超流動を含め、もっと変化に富んだ性質を示すが、ここでは取り上げない。質量数六と質量数八のヘリウム（それぞれ^{6}Heと^{8}Heと書ける）は放射性で、あとで少しふれよう。本章で述べる超流動ヘリウム中の不純物とは、^{4}He以外の原子やイオンなど、微視的な対象である。私たちの研究ではこれらの不純物として、放射性の原子やイオンを取り扱う。実験に必要な放射性原子やイオンは、重イオン原子核反応によって生成して、超流動ヘリウム中に導入する。放射線の計測は感度が高く、これまで電気量の計測[9]に頼っていたときにくらべて、百万倍程度の感度向上がはかれる。このあたりが独特な実験方法といえる。

さて、超流動ヘリウム中では正のイオンはどのようなかたちをとるだろうか。イオンのもつ電気量はそれ自身の周りのヘリウム原子に作用するが、先に述べたように、ヘリウム原子はごくわずかしかその影響を受けない。もしナトリウムイオンがあれば、たちどころに大きく変形してイオン結合を示すであろう。ヘリウムの場合には、その代わり、五〇個にもおよぶヘリウム原子がほんの少

（9）電流を普通の方法で計測するとき一ピコアンペア（一兆分の一アンペア）程度が最小である。一価のイオンが一秒間に一千万個程度流れると、ほぼこの程度の電流になる。

しずつ電気分極して、イオンの周りに集まる。この現象は誘電分極といわれている。いわば、正イオンは多くのヘリウム原子にとりかこまれた、電気を帯びた凝縮体を形成する。ちょうど大気中で埃などの微粒子を核として水蒸気が凝縮して、雨粒が形成されるのに似ている。ヘリウムの液体中なので固体の微粒子が形成されていると想像できよう。事実、このような微小凝縮体の内部圧はきわめて高く、二五気圧におよぶ融解圧をも超えているとされている。脚注10の図に示すように、このような凝集体をスノーボール（氷球粒子）と呼んでいる。

　では、負のイオン、電子はどのようなかたちをとるであろうか。ここでも量子力学的効果が顔を出してくる。液体ヘリウム中の電子はヘリウム原子を誘電分極させるのではなく、むしろ、自分の周りにほかの電子を寄せつけない状態をつくり出す。超流動ヘリウム温度では、すべての電子はエネルギーの最低の状態に落ち着いている。この状態に入ることができる電子の数には限りがあるために、電子どうし反発してしまう。このような反発は、パウリの排他原理[11]として記述される。この結果、一つの電子の周りには、約一〇〇個のヘリウム原子が排除された真空が形成され、これを泡（バブル）と呼んでいる。

　では電気的に中性な原子はどのような振る舞いを示すか、ということもなかなかおもしろい。答えは簡単である。効果的な力をおよぼしにくいため、普通の状態では移動をすることなしに一定の場所にとどまっていると考えればよ

(10) スノーボールの概念図。

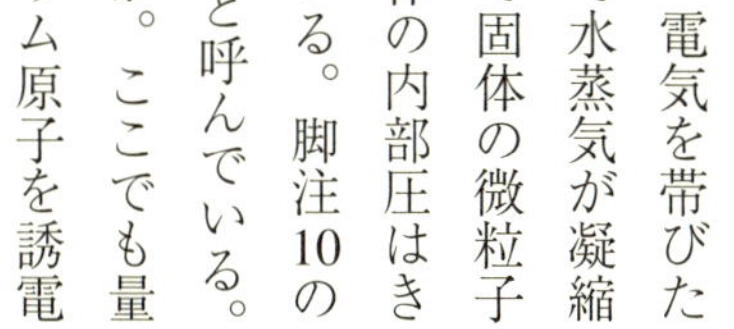

(11) パウリの排他原理は、スイスの物理学者W・パウリが提唱した微視の世界を支配する物理原理の一つである。電子、陽子、中性子などの粒子は、同じ量子数（エネルギー等の物理量）をもつとき、空間の同じ位置を共有することができない、という内容である。第三章脚注3参照。

い。これだけを基礎知識として、実際の研究を紹介しよう。

四　スノーボール中の原子核のスピン

ここで紹介する研究の一つは、スノーボールに閉じ込められたイオンのなかで原子核の磁気的な性質が時間とともにどのように変わっていくかという実験である。大阪大学核物理研究センター(12)には、図1に示すような、強力な加速器、リングサイクロトロンがある。この装置で五六〇MeV(13)のエネルギーまで加速したチッ素イオンをベリリウムの標的に衝突させる。このとき起こる重イオン核反応でたとえば放射性のホウ素を生成する。このホウ素は^{12}Bと記載され、半減期が約二〇ミリ秒の短寿命の放射性核で、電子を放出して炭素に崩壊する。この型の放射性崩壊はベータ崩壊(14)と呼ばれ、放出される電子のことをベータ線ともいう。

この重イオン核反応過程では、驚いたことに生成核^{12}Bに大きさ四〇%に近いスピン偏極が見出された。スピンとは原子核の自転に相当するもので、原子核の磁気的性質と関連している量である。偏極とはこの自転が生成された多くの^{12}B原子核で、どれくらい向きが揃っているかという指標である。この場合、六五%におよぶ^{12}B原子核が軸のまわり一方向に揃って自転しているといえる。重イオン核反応で生成するときとしては、異常に大きな値が得られたといえる。

(12) 大阪大学核物理研究センターは、大阪大学に一九七五年に設置された全国共同利用の原子核物理の研究所である。RCNPの略称をもつ、主力の実験研究用の装置はリングサイクロトロンである。

(13) メガ電子ボルトは一〇〇万電子ボルトでMeVと書く。原子核物理学でよく出てくるエネルギーの単位である。

(14) 原子核が電子を放出して崩壊するベータ崩壊では、質量数が同じで陽子数が一大きい原子核に変化する。このさいニュートリーノが同時に放出される。

スピン偏極した原子核をもつイオンを芯としてスノーボールをつくってみる。スノーボールの芯のまわりのヘリウム原子の配列が、核スピンにどのような影響を与えるかを調べると、スノーボールの構造について知ることができる。本来、固体のヘリウムは、六方最密構造と呼ばれる対称性の高い格子構造を示している。ただ、六方晶系の一種であるため、特定の軸一方向だけはほかと違っている。たとえば、水晶の結晶を想像していただきたい。スノーボールのように、わずか五十から百個の原子しか含まない凝縮体では、六方晶系よりもっと対称性の高い構造をとると想像される。実際、^{12}B核のスピン偏極は^{12}B核の半減期よりはるかに長い時間保持されることが、実験の結果明らかになった。おそらく、スノーボールはきわめて対称性の高い、いわば球対称に近い構造をしていると考えられる。

スピン偏極が時間とともに変化する様子を測定するのは容易ではない。^{12}B核が崩壊するとき放出される高速電子線の、スピン偏極の向きと、その反対向きで観測される電子線の二つの強度比からスピン偏極の大きさを決定するのである[15]。

高速の放射性イオンを超流動ヘリウム中に打ち込むのも、注意が必要である。

図1　大阪大学核物理センターのリングサイクロトロン

ヘリウムはきわめて低い温度、きわめて低いエネルギー状態にあるため、これらを乱さないように、適当に減速してヘリウム中の適当な深さまで導入する。液体ヘリウムの容器はごくわずかの熱流が入っても、一K近くの温度を保つのが困難になる。したがって、イオンの強度にも注意を払っている。ヘリウム中に入った高速イオンは次第に運動のエネルギーを失い、大部分は電気的に中性の原子になる。そのとき三〇%程度は一価の正イオンとして、いずれも超流動ヘリウム中で静止にいたる。ここで電気の作用をはたらかせて、原子とイオンを空間的に分離して、イオンの放射性崩壊からくる電子線だけについて、電子線強度の比を計るのである。この一連の実験から、原子核のスピン偏極を保持する理想的な媒体を見つけることができたのである。現在、いっそう精密に保持の時間を調べたり、ホウ素以外のイオン、さらに原子について核スピン偏極保持がどのくらい達成できるかを調べている。

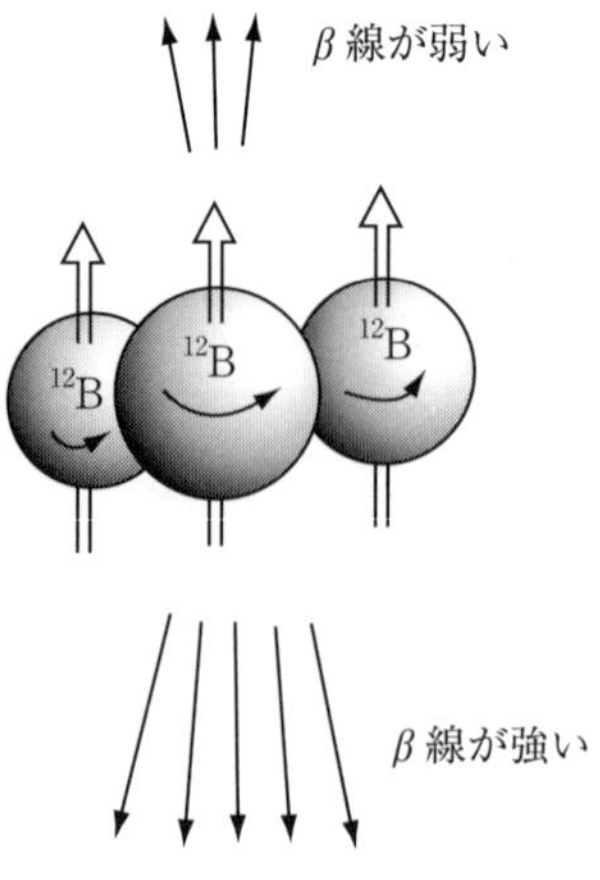

(15) スピンの向きのそろった偏極核のβ崩壊。

五　原子やイオンの移動

右の実験で見たように、電気をもったイオンは電気作用によって運動させることができる。電気をもっていない原子はどのようにして位置を変化させることができるのだろうか。液体ヘリウムの超流動についての物理理論は、ランダウの二成分理論と呼ばれている。転移温度二・一七K以下では、ラムダ点以上の温度の液体ヘリウムと基本的に同じ〝常流動成分〟と、もう一つ、もっとも低いエネルギー状態にあってエントロピー(16)が、零の〝超流動成分〟の混合であるという。温度が小さくなるにつれ、超流動成分の割合が増していく。いま、超流動ヘリウムの容器の一部に熱の流入があるとすると、その点に向かって超流動成分が移動する。全体の密度を一定に保つため、常流動成分は逆方向に移動する。超流動成分は一般に純粋なヘリウムと考えてよい。そうすると、不純物の原子などは常流動成分といっしょに移動すると考えるのが普通である。実験でも電気的に中性の放射性原子が常流動成分の流れといっしょに移動しているのが観測できている。

一連の実験では放射性の原子核が放出するベータ線を、移動の軸に沿った異なる多くの位置で計測する。ベータ線は超流動容器の外部で観測する。これを可能にする超流動ヘリウム容器は円筒型である。また、一方の端が放射性イオン線の導入のため薄窓の構造になっている。放射性核をもったイオンや原子はこの容器の軸に沿って一次元的に運動をする。軸に沿った位置を多数の点に分けるとともに、イオン線がパルス的に入ったのち、一定の時刻にわたって、時

(16) 物質の状態は微視的に見ると、さまざまなエネルギー状態にある微視の粒子の集合である。エントロピーは集合のエネルギー状態がどれだけ不揃いであるかを定量的に記述する用語である。ふつうにはエントロピーは増大の方向にしかいかない。整理された部屋が、だんだんと乱雑さを増す方向にいくのに似ている。

間と位置に関する電子線強度の分布を観測できるようにすることが可能である。このような計測器は位置・時間敏感型電子線検出器と呼ばれている。超流動ヘリウム容器に新しく位置・時間敏感型検出器を装備することによって新たな局面が開けてきた。特徴は精度の高さである。導入された放射性イオンが中性原子となって静止する位置、それが時間とともに変化することのないことが、図2にはっきりと示されている。もちろん、液体ヘリウムの流れは極度に押さえてある。ここで一言、^{6}Heと^{8}Heについてふれよう。^{4}He以外の原子は不純物で超流動ヘリウムの常流動成分とともに振る舞うと考えられる。はたしてそうだろうか、というのが、実験家の疑問である。近い将来試すべきおもしろい課題である。もちろん、これらのイオンの放射性崩壊を利用して動きを調べるのである。

さて、電気的に中性の原子は静かな超流動ヘリウム中では静止して、位置が時間とともに変化することがない。これに反してイオンは電気力の作用のもとで、一定の速さで移動する。電気作用を止めるとイオンも静止する。また、電気の作用の向きを反転すると、イオンの動く向きも反転する。これらを見ていると、スノーボールの動きが完全に制御されていることがわかる。これまで見てきたイオンの運動は、超流動ヘリウム中にわずか生じている局所的な励起に相当するロトンと衝突しながら移動するものと考えられる。液体ヘリウムがエネルギーをもらって、温度が上昇するときには、ヘリウム全体に拡がる励起、

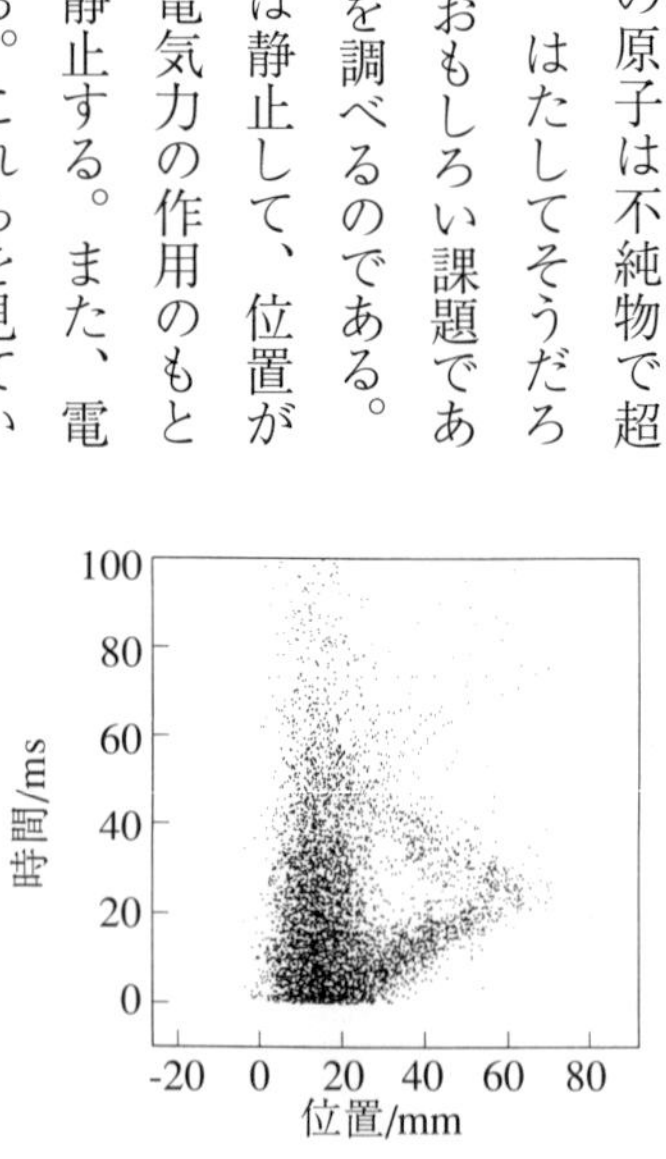

図2　実験結果
決まった場所にいるのは電気をもたない原子で，はじめ右上に向かい，ついで左上に向かうのは電気の影響で運動するスノーボールである．

(17) フォノンおよびロトンとはヘリウムにエネルギーを与えたとき、最小の励起エネルギー単位として考えられるものである。エネルギーEと運動量pの関係は、フォノンでは光子のような比例関係、$E=cp$にあり、ヘリウム全体にエネル

フォノン[17]の寄与があり、それに加えてロトン[17]が寄与を示している。しかし、高速のイオンなどが入ってくると、きわめて局所的な擾乱が生じると考えられる。このときには超流動ヘリウム中に量子渦ができる。これも局所的なかき回しの結果が連なっていったものと考えればよい。すでに量子渦が寄与していると考えられる状況が実験的に見出されている。

六　おわりに

以上いくつかの例で示したように、超流動ヘリウムのなかの不純物イオン、原子の振る舞いの研究は新しい局面を迎えようとしている。一つは、原子核の固有スピンの偏極の保持とその応用として、原子核の分光研究の方向づけができたことである。今、大阪大学やカナダのＴＲＩＵＭＦ研究所でこの線に沿った研究が始まったところである。一方、超流動ヘリウム中での不純物の一次元的な運動については、超流動ヘリウムのなかの励起の一形態である量子渦糸や渦糸のもつれに関する研究と関連して展望が拡がりつつある。大阪大学をはじめとして、スイスのＣＥＲＮやフィンランドの大学でも協力研究を始めている。あと数年も経てば、この稿を書き換えないといけないほどに、多くの知見が得られることであろう。

ギーを与える場合に対応する。一方、ロトンは質量mをもつ粒子のような関係$E=(p-p_0)^2/2m$となり、局所的にエネルギーを与える場合に対応する。
私たちの巨視の世界に例をとると、湯をわかすとき全体が波打ちながら温度のあがるのがフォノン、泡粒ができるのがロトンと想像するとわかりやすいだろう。

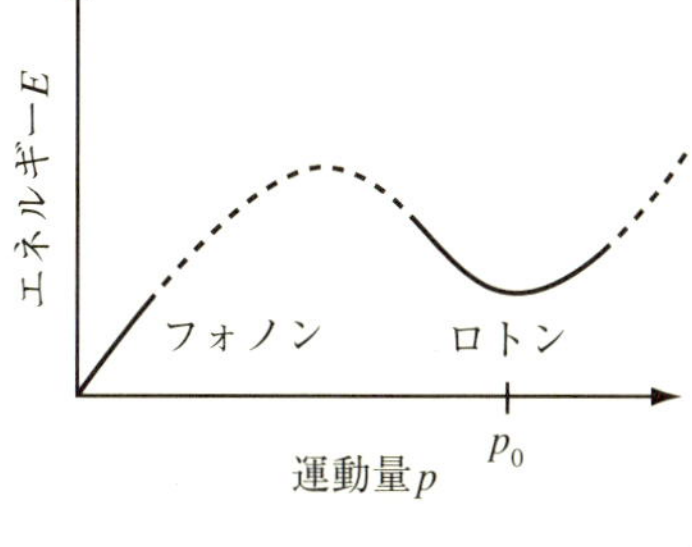

フォノンとロトンを示す分散関係（運動量とエネルギーの関係）。

●執筆者紹介（執筆順）（編者紹介は奥付上）

山中《やまなか》　卓《たく》（一九五七年生まれ）理学博士
一九八五年　東京大学大学院理学系研究科（博士）
現在　大阪大学大学院理学研究科教授
キーワード　CPの破れ、中性K中間子の稀崩壊

太田《おおた》　信義《のぶよし》（一九五四年生まれ）理学博士
一九八二年　東京大学大学院理学系研究科（博士）
現在　大阪大学大学院理学研究科助教授
キーワード　対称性の破れ、ブラックホール

岸本《きしもと》　忠史《ただふみ》（一九五二年生まれ）理学博士
一九八〇年　大阪大学大学院理学研究科（博士）
現在　大阪大学大学院理学研究科教授
キーワード　ダークマターの探索、ニュートリノの質量

大坪《おおつぼ》　久夫《ひさお》（一九四〇年生まれ）理学博士
一九六七年　東京工業大学大学院理工学研究科（博士）
現在　大阪大学大学院理学研究科教授
キーワード　原子核、電子散乱、核構造、中間子

若井《わかい》　正道《まさみち》（一九三七年生まれ）理学博士
一九六七年　大阪大学大学院理学研究科（博士）
現在　大阪大学名誉教授
キーワード　原子核の回転状態の記述、高スピン状態

佐藤《さとう》　透《とおる》（一九五二年生まれ）理学博士
一九八〇年　大阪大学大学院理学研究科（博士）
現在　大阪大学大学院理学研究科助教授
キーワード　核子共鳴、中間子交換電流、電子散乱

若松《わかまつ》　正志《まさし》（一九四九年生まれ）理学博士
一九七八年　東京大学大学院理学系研究科（博士）
現在　大阪大学大学院理学研究科助教授
キーワード　バリオンの内部構造、カイラル対称性

南園《みなみその》　忠則《ただのり》（一九四〇年生まれ）理学博士
一九六九年　大阪大学大学院理学研究科（博士）
現在　大阪大学大学院理学研究科教授
キーワード　原子核構造と電磁気モーメント、β崩壊

高橋《たかはし》　憲明《のりあき》（一九三六年生まれ）理学博士
一九六四年　大阪大学大学院理学研究科（博士）
現在　大阪学院大学教授、大阪大学名誉教授
キーワード　放射性核ビーム、スピン偏極

高杉英一（たかすぎ　えいいち）
1945年　岡山に生まれる
1975年　メリーランド大学大学院（博士）
現　在　大阪大学大学院理学研究科教授
研究テーマ　ニュートリノの物理の研究、CPの破れの研究、ブラックホールと重力波の研究
キーワード　ニュートリノ、CPの破れ、初期宇宙、ブラックホール、重力波
所属学会　日本物理学会
主　著　（分担執筆）『量子の世界』（大阪大学出版会、1994年）ほか

大阪大学新世紀セミナー［ISBN4-87259-100-3］

素粒子と原子核を見る

2001年6月20日　初版第1刷発行　［検印廃止］

編　集　大阪大学創立70周年記念出版実行委員会
編　者　高杉　英一
発行所　大阪大学出版会
代表者　松岡　博
〒565-0871　吹田市山田丘1-1　阪大事務局内
電話・FAX　06-6877-1614（直）

組　版　㈲桜風舎
印刷・製本所　㈱太洋社

ISBN4-87259-110-0

「大阪大学新世紀セミナー」刊行にあたって

健康で快適な生活、ひいては人類の究極の幸福の実現に、科学と技術の進歩が必ず役立つのだという信念のもとに、ひたすらにそれが求められてきた二十世紀であった。しかしその終盤近くになって、問題は必ずしもさほど単純ではないことも認識されてきた。生命科学の大きな進歩で浮かび上がってきた新たな倫理問題、環境問題、世界的な貧富の差の拡大、さらには宗教間、人種間の軋轢の増大のような人類にとっての大きな問題は、いずれも物質文明の急激な発達に伴う不均衡に大きく関係している。

一九三一年に創立された大阪大学は、まさにこの科学文明の発達の真っ只中にあって、それを支える重要な成果を挙げてきた。そして、いま新しい世紀に入る二〇〇一年、創立七〇周年を迎えるにあたって企画したのが、この「新世紀セミナー」の刊行である。大阪大学で行われている話題性豊かな最先端の研究を、学生諸君や一般社会人、さらに異なる分野の研究者などを対象として、できるだけわかり易くと心がけて解説したものである。

これからの時代は、個々の分野の進歩を追求する専門性とともに一層幅広い視野をもつことが研究者に求められ、自然科学と社会科学、人文科学の連携が必須となるだろう。細分化から総合化、複合化に向かう時代である。また、得られた科学的成果を社会にわかりやすく伝える努力が重要になり、社会の側もそれに対する批判の目をもつ一方で、理解と必要な支持を与えることが求められる。本セミナーの一冊一冊が、このような時代の要請に応えて、新世紀を迎える人類の未来に少しでも役立つことを願ってやまない。

大阪大学創立七十周年記念出版実行委員会